KB172405

Treepedia
나무

Treepedia
나무

Pedia A-Z

조안 말루프 지음
마렌 웨스트폴 그림
조은영 옮김

한길사

Treepedia:
A Brief Compendium of Arboreal Lore
By Joan Maloof and Maren Westfall

노숙림 네트워크의 완벽한 팀,
수전 바넷, 바버라 부시, 윌리엄 쿡,
리사 마리 게치, 바네사 굴드,
사라 호슬리, 수잔 이브스,
리처드 매리언, 멜리사 마이크리오티,
홀리데이 펠란존슨,
세라 롭그리에코, 엘레노어 슬로언에게,
그리고 나무를 대변하는 이들을 지지해주신
모든 분께 이 책을 바칩니다.

지구와 생명의 과학을 다루는 이들이
하는 일에는 한 가지 특징이 있다.
지루할 틈이 없다는 것.
- 레이첼 카슨

신이시여, 감사합니다.
저들도 구름은 베어낼 수 없으니
얼마나 다행입니까.
- 헨리 데이비드 소로

모든 나무는
저마다의 이야기가 있다.
- 조안 말루프

일러두기

- 이 책은 Joan Maloof가 쓴 *Treepedia*(Princeton University Press, 2021)를 번역한 것이다.
- 독자의 이해를 돕기 위해 각주에 옮긴이주를 넣고 '—옮긴이'라고 표시했다.
- 표제어에 실린 나무의 경우, 속 이상의 분류군을 통칭하는 명칭은 해당 분류군의 속명을 나타내는 우리나라 나무의 일반명으로 옮겼다(예: Cherry → 벚나무).

글을 시작하며

지금부터 독자는 지구상에서 가장 특별한 나무, 가장 특별한 숲, 나무를 변호하는 가장 특별한 사람과 사건을 만날 것이다. 물론 이 책에는 세상의 모든 나무가 다 등장하지 않고, 나무에 관해 밝혀진 모든 사실이 다 담겨 있지도 않다. 이렇게 앙증맞은 책에 그 내용이 다 들어갈 리는 없으니까.

그러나 나무에 관해 꽤나 안다고 자부하는 사람이라도 이 책에서 새로운 사실을 배우게 되리라는 점만큼은 약속할 수 있다. 나무에 대해 아는 게 거의 없는 사람이라면 두말할 것 없이 아주 다양한 지식을 얻게 될 테고. 이 책은 어디까지나 나무에 관한 지식을 완성하기 위해서가 아니라 자극을 주기 위해서 썼다.

독자가 지금 손에 들고 있는 작은 책은 이 시대를 살아가는 사람들을 위해 귀중한 토막 지식을 적어둔 얇지만 알찬 미니 백과사전이다.

앉은 자리에서 단숨에 읽어내기보다, 집 안의 작은 방에 쉽게 손이 닿는 곳에 놓고 수시로 가볍게 책장을 넘기길 바란다.

"내게 이곳을 맡긴다면 지름 160킬로미터짜리 원을
크게 그린 다음 헌법이라는 방패를 두르고
영원히 숲으로 남게 할 것이다."

Adirondacks 애디론댁산맥

뉴욕주 동북부 지역의 넓은 산간지대. 숲이 우거진 땅에서 일어날 수 있는 최악과 최고의 예를 동시에 보여준다. '애디론댁'이라는 말은 모호크족 언어로 '나무를 먹는 사람들'이라는 뜻이다. 일반적으로 많은 나무의 속껍질이 식용으로 쓰이는데 특히 아메리카 원주민들은 이 속껍질을 잘 말린 다음 갈아서 빵을 구웠다. 이들은 유럽인이 당도하기 수천 년 전부터 애디론댁산맥에 살면서 생태계를 함께 공유하는 많은 나무와 동식물로 삶을 이어갔다.

독립전쟁 이후 뉴욕주의 모든 토지를 주 정부가 관리하게 되자 정부는 많은 땅을 목재 재벌에게 헐값에 넘겼다. 그들은 세금도 내지 않고 숲의 나무를 싹 다 베어낸 뒤 떠나버렸다. 애디론댁 숲의 벌채는 1700년대 후반에서 1800년대 초반까지 계속되었다. 과도한 벌목으로 토양이 제대로 물을 흡수하지 못하게 되면서 표토층이 침식되고 홍수가 발생했다.

1850년 무렵부터 파괴된 숲에 대한 우려가 커지기 시작했다. 1857년에 유명한 작가이자 변호사인 새뮤얼 해먼드Samuel Hammond는 이런 글을 썼다.

"내게 이곳을 맡긴다면 지름 160킬로미터짜리 원을 크게 그린 다음 헌법이라는 방패를 두르고 영원히 숲으로 남게 할 것이다. 그리고 그 경계 안에서 나무를 베면 경범죄, 땅을 개간하면 중범죄로 다스릴 생각이다."

애디론댁은 모호크족 언어로 '나무를 먹는 사람들'이라는 뜻이다.

해먼드의 글이 많은 사람의 마음을 움직였지만 그 가운데 실제 행동에 나선 것은 버플랭크 콜빈Verplanck Colvin이었다. 1872년에 콜빈은 주 정부로부터 1,000달러를 받고 애디론댁산맥을 조사했다. 콜빈은 이듬해 의회에 제출한 보고서에 애디론댁산맥의 수계가 더 훼손되면 당시 뉴욕주 경제의 견인차였던 이리 운하Erie Canal에 큰 타격이 갈 것이라고 썼다. 콜빈은 해먼드의 글을 반복하면서 애디론댁산맥 전체를 보호구역으로 지정하고 보호해야 한다고 주장했다. 그는 조사를 계속하며 매년 의회에 비슷한 탄원을 올렸다.

"현재의 야생 상태가 법적으로 보존되지 않는다면 사람들이 무자비하게 숲을 태우고 파괴하면서 숲이 서서히 잠식될 것이다."

콜빈의 증언에 설득된 의회는 1885년에 애디론댁산맥을 산림보호구역으로 지정하고 "이곳은 영원히 야생의 숲으로 보존되어야 한다"라고 선언했다. 1894년에는 이 보호 조항이 뉴욕주 헌법에도 명시되었다.

대부분의 지도에서 파란색 선으로 표시되는 애디론댁산맥 공원의 경계는 거의 2만 4,000제곱킬로미터를 아우르며 그 가운데 헌법이 '영원한 야생'으로 남도록 보호하는 땅은 약 절반이다. 나머지 절반은 사유지로 주택, 농장, 사업체, 야영장 등이 포함되며, 사유지에서는 벌목이 허용된다. 이 야생 지대는 개인의 땅과 공원 전체에 뒤섞여 있으며, 현재 애디론댁산맥 공원은 미국 본토에서 가장 방대한 공공 보호구역으로 옐로스톤, 에버글레이즈, 글레이셔, 그랜드 캐니언 국립공원을 모두 합친 것보다 면적이 넓다. 이곳은 정부와 개인이 자연을 보존하기 위해 합심하여 좋은 결과를 얻어낸 훌륭한 본보기다. 매년 많은 사람이 깨끗한 물과 공기, 높이 솟은 나무와 숲을 찾아 공원을 방문한다.

더 찾아보기: 노숙림

American Chestnut (*Castanea dentata*) 미국밤나무

이 나무는 한때 미국 동부 애팔래치아 지역에서 가장 크고 많

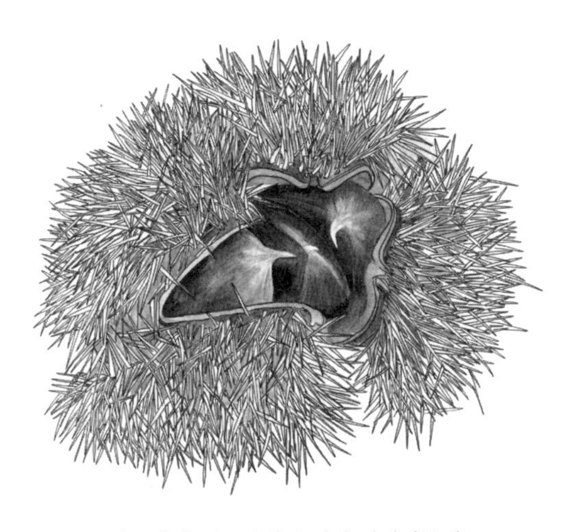

미국밤나무는 한때 유럽계 이민자들의
중요한 영양 공급원이었다.

은 종이었다. 지름이 2미터가 넘는 나무도 있었다. 과학 기자 수전 프라인켈Susan Freinkel은 미국밤나무에 관한 책에서 이 나무를 '완벽한 나무'라고 불렀다. 미국밤나무는 거대한 몸집뿐 아니라 가시 돋친 밤송이 안에 들어 있는 크고 영양가가 풍부한 열매 때문에도 중요하다. 미국 역사의 초창기에 많은 사람들이 이 나무의 열매를 먹으며 빈곤하고 굶주린 정착민의 삶을 견뎠다.

미국에서 야생림 대부분이 개간된 후 도시에 그늘과 장식용으로 새로 심을 나무를 선정할 때 미국밤나무는 '고상한' 땅에 심기에는 너무 덩치가 크다는 평을 받았다. 그래서 대신 수형이 작고 관목에 가까운 아시아산 밤나무를 수입해다가 심었는데, 이 나무가 북아메리카로 바다를 건너올 때 밤나무줄기마름병균*Cryphonectria parasitica*이 딸려오면서 비극이 시작되었다. 1904년에 뉴욕에 도착한 이 작은 곰팡이는 토종 미국밤나무로 건너가 이 종의 씨를 말렸다. 조지아주만 해도 1924년에 처음 밤나무줄기마름병균이 발견되었는데, 1930년에는 주 전체 밤나무의 절반이 죽었다. 죽은 나무와 산 나무 모두 목재용으로 빠르게 잘려 나갔다. 벌목하지 않은 곳도 몇 군데 남았지만 여기에서도 결국에는 모든 나무가 죽어버렸다.

나무는 뿌리에서 수시로 새 줄기를 올려보내 희망을 보여주었다. 하지만 건강했던 어린나무도 일곱 해가 될 무렵이면 다시 감염되어 죽었다. 더 많은 싹이 올라와도 어김없이 곰팡이가 나타나 잠식했다. 현재도 원래 있던 나무 일부에서 여전히 어린나무가 자라지만 그중에 끝까지 살아남아 꽃을 피우고 열매를 맺는 것은 없다고 봐야 한다. 미국밤나무재단American Chestnut Foundation은 병충해 저항성이 있는 품종을 개량하여 다시 도입할 수 있게 애쓰고 있다.

Appleseed Johnny 조니 애플시드

비록 각색된 삶으로 세상에 알려졌지만 조니 애플시드1774~1845는 존 채프먼John Chapman이라는 실존 인물이었다. 채프먼이 살았던 시대에는 새로운 땅에 들어가 그 토지를 '개량'했다는 것을 보여주면 소유권을 주장할 수 있었다.

땅을 차지하는 가장 쉽고 저렴한 방법은 사이다[1])를 만들기 위한 사과나무를 심는 것이었다. 하지만 사과나무 묘목을 어디에서 구한다는 말인가? 채프먼은 바로 이 부분에 일조했다. 그는 사과에서 직접, 또는 사이다 제조 과정에서 으깨고 남은 찌꺼기에서 씨를 모아 발아시켰다. 싹이 트자 채프먼은 작은 땅을 빌려 울타리를 치고 양묘장을 만들었다. 그리고 땅 주인에게 어린나무 관리하는 법을 가르치고 매년 한두 번씩 찾아가 점검했다.

채프먼은 그런 식으로 펜실베이니아·오하이오·인디애나주에 사과나무 양묘장 19곳을 세우고 묘목을 길렀다. 나무가 적당히 자라면 채프먼은 뿌리째 뽑아서 보트에 싣고 직접 노를 젓고 다니며 변경 지역의 개척민들에게 한 그루당 6센트씩 12그루 단위로 팔았다. 접붙이기한 사과와 달리 사과 씨에서 자란 나무는 대체로 크기가 작고 맛도 없었지만 사이다를 만들거나 토지 소유권을 주장하는 데 사과의 품질은 중요하지 않았다.

독실한 기독교 신자였던 채프먼은 간편한 차림으로 먼 곳을 다니며 가는 곳마다 신앙을 전파했다. 당시 채프먼이 주로 활동하던 지역은 대부분 아메리카 원주민의 땅이었는데 그들도 채프먼을

1) 전통 방식으로 제조된 사과 주스—옮긴이.

영혼이 충만한 사람으로 보았고 정착민에게 적대적인 부족도 그에게는 간섭하지 않았다.

채프먼에 대해 전해지는 많은 이야기 중에 이런 에피소드가 있다. 하루는 채프먼이 야외 집회에서 순회 중인 한 성직자의 설교를 들었다. 그자는 영혼을 망가뜨리는 음식과 옷의 낭비를 되레 찬미하고 있었다.

"요즘 세상에 미개했던 초기 기독교인처럼 맨발과 허름한 행색으로 천국에 가는 사람이 어디에 있습니까?"

그가 같은 말을 여러 번 반복하자 참지 못한 채프먼이 더러운 맨발로 벌떡 일어나 자신의 누추한 옷을 가리키며 말했다.

"당신이 말하는 그 미개한 초기 기독교인 여기 있소!"

채프먼은 평생 결혼한 적도 가정을 꾸린 적도 없다. 그는 비록 맨발에 누더기 같은 옷을 걸치고 머리에 냄비를 이고 다니며 궁색하게 살았지만, 동물은 물론 모든 사람에게 늘 자애를 베풀었다. 인디애나주 포트웨인에서 사망했을 때 채프먼은 자신이 소유했던 8.5제곱킬로미터의 땅을 누이에게 남겼다.

조니 애플시드를 기리는 기념비가 곳곳에 세워졌다. 오하이오주 어배너대학교의 조니 애플시드 기념관 뜰에는 채프먼이 심었던 나무들 가운데 마지막으로 살아남은 사과나무의 씨에서 자란 묘목이 자라고 있다.

Arbor Day 식목일

나무를 심고 기념하는 특별한 날. 식목일은 보통 4월이지만 나무 심기에 적합한 시기는 지역마다 다르기 때문에 앨라배마주에서는 식목일이 2월, 버몬트주에서는 5월이다.

근대 식목일은 1805년에 한 스페인 사제가 시작한 '피에스타 데 아르볼'[2]에서 기원한다. 미국에서는 1854년에 J. 스털링 모턴J. Sterling Morton이 미시간주에서 네브래스카로 이사한 것이 계기가 되었다. 숲이 많던 미시간주에서 온 모턴은 나무가 없는 황량한 네브래스카를 보고 대대적인 나무 심기를 기획했다. 마침 신문사 편집자라는 직업 덕분에 신문을 매개로 그는 자신의 뜻을 공유하고 협조를 구할 수 있었다. 모턴의 주도하

식목일 준비물. 식목일은 보통 4월이지만 나무 심기에 적합한 시기는 지역마다 다르다.

2) fiesta de arbol: 나무 축제라는 뜻이다—옮긴이.

에 1872년 4월 10일에 네브래스카에서 최초의 식목 행사가 열렸고 100만 그루의 나무가 식재되었다. 1885년에 네브래스카가 정식으로 주州의 지위를 획득한 후, 모턴의 생일인 4월 22일이 식목일로 공식 선포되었다. 이어서 다른 주들도 식목일을 지정했다.

처음부터 식목일의 주요 행사는 학교 운동장에서 어린이들과 함께하는 나무 심기였다. 1907년 시어도어 루스벨트 대통령은 미합중국 학생들 앞에서 식목일 선언문을 낭독하고 이렇게 말했다.

"여러분이 숲을 보존하고 나무를 심어 새로운 숲을 만드는 것은 곧 훌륭한 시민의 역할을 다하는 것과 같습니다."

식목일은 전 세계로 퍼져나가, 오늘날 43개국 이상에서 식목일을 기념한다.

더 찾아보기: 시어도어 루스벨트

Arborist 아보리스트

수목 관리를 전문으로 하는 직업.[3] 주로 도심이나 교외의 나무를 다룬다. 아보리스트가 가장 많이 하는 일은 가지치기다. 그밖에 병충해 진단, 화학적 치료, 토양 개선, 위험 상태 지정 등을 주요 업무로 다룬다. 사람에 따라 로프를 사용해 직접 나무를 타고

3) 한국에서는 나무의사, 수목보호기술자, 수목관리사 등에 해당한다—옮긴이.

올라가거나 고소작업차를 이용해 작업한다.

수목 관리 산업은 미국에서 네 번째로 위험한 직업군으로 가장 큰 사망 원인은 추락 사고다. 수목 관리 작업자는 3일에 한 명꼴로 사망한다고 추정된다. 소유주가 자기 땅에 있는 나무를 제거하려고 할 때, 요청한 대로 처리해주는 아보리스트도 있지만 특별한 사유 없이는 살아 있는 나무를 자르지 않는 아보리스트도 있다.

더 찾아보기: 스티븐 실렛

Ash (*Fraxinus* spp.) 물푸레나무

물푸레나무속 나무의 일반명. 히코리*Carya*[4]를 닮은 겹잎이 달리지만 견과가 열리지 않고 대신 종자에 날개 하나가 달려서 바람이 불면 날아간다.

물푸레나무는 북아메리카, 유럽, 아시아 전역에서 발견된다. 미국에서 물푸레나무는 푸른물푸레나무, 검은물푸레나무, 녹색물푸레나무, 붉은물푸레나무, 흰물푸레나무, 심지어 호박물푸레나무까지 오색 빛깔의 일반명을 자랑한다.

요즘은 대부분 알루미늄 재질로 야구 배트를 제작하고 메이저리그 선수만 나무 배트를 사용하지만 원래 미국물푸레나무*Fraxinus americana*는 야구 배트용으로 가장 잘나가는 목재였다. 2008년에 더

4) 피칸나무가 이 속에 속한다—옮긴이.

물푸레나무 잎은 타닌 함량이 적어
많은 생물의 먹이가 된다.

가볍다는 이유로 여러 선수가 물푸레나무에서 단풍나무로 갈아탔지만 단풍나무 배트는 부러질 때 날카로운 파편이 날아간다는 단점이 있다.

물푸레나무는 미국 싱어송라이터 브루스 스프링스틴Bruce Springsteen의 앨범 「본 투 런」Born to Run 커버에도 나오는 텔레캐스터[5] 같은 악기도 만든다. 그의 노래 「썬더 로드」Thunder Road를 즐겨 부

5) 펜더사의 일렉트릭 기타—옮긴이.

르는 사람이라면 물푸레나무에 감사하면 된다.

타닌은 많은 식물이 초식동물을 물리치기 위해 생산하는 화합물로 떫은맛이 나는 게 특징이다. 소화불량을 일으키기 때문에 식물의 잎을 먹고 사는 동물과 곤충은 타닌의 농도가 높은 식물을 피하는 편이다. 게다가 타닌은 일부 미생물에도 독성으로 작용한다. 그런데 물푸레나무는 잎의 타닌 함량이 유난히 적은 식물이다. 한 연구에 따르면 붉은물푸레나무*Fraxinus pennsylvanica*에서 습지로 떨어진 잎은 송장개구리 올챙이의 중요한 먹이원이었다. 어린 개구리들도 타닌이 많이 들어 있는 다른 나무의 잎은 먹지 않았다. 이처럼 타닌의 농도가 낮은 특성은 물푸레나무가 침입성 곤충인 서울호리비단벌레*Agrilus planipennis*의 표적이 되어 수백만 그루가 죽어나가는 원인이 된다.

더 찾아보기: 서울호리비단벌레

Aspen, Quaking (*Populus tremuloides*) 미국사시나무

사시나무속*Populus* 가운데서도 북아메리카에 서식하는 수피가 하얀 나무. 수피는 탄탄하고 매끄러우며, 수피가 종이질인 자작나무류와 달리 벗겨지지 않는다. 미국사시나무는 캐나다, 오대호 지역, 뉴잉글랜드, 미국 서부의 산악 지대 등 북아메리카의 서늘한 지역에 널리 퍼져 있다. 미국사시나무의 종소명인 '*tremuloides*'는 '떠는'이라는 뜻으로, 아주 미세한 바람에도 잎이 파르르 떠는 모양새를 나타낸다. 그리고 그 형질 때문에 영어로는 '떠는 사시나무'quaking aspen라고 불린다.[6] 이 독특한 움직임은 사시나무 잎의 잎자루 단면이 전형적인 원형이 아닌 납작한 형태인 것에서 비롯한다.

미국사시나무는 낙엽활엽수로 산악 지역의 상록침엽수 사이에서 가장 흔한 수종이다. 뿌리는 지하로 넓게 퍼져 있으며 이 거대한 뿌리에서 자란 어린나무가 작은 숲을 이루기도 한다. 그 결과 한 숲에 자라는 모든 사시나무가 대체로 동일한 유전자 구성을 지니고 있어서 숲 전체를 하나의 유기체로 보기도 한다.

가을이면 잎이 노랗게 변하지만 유전적 차이 때문에 숲마다 단풍의 색이 미묘하게 다르고 단풍이 드는 시기와 잎이 지는 시기에도 차이가 있다. 자연이 선사하는 가장 아름다운 풍경으로 가을철 로키산맥이 손꼽힌다. 이곳은 침엽수의 짙은 녹색과 연두색에서 진한 노란색으로 변해가는 사시나무 군락이 어우러진 산허리 경관이 일품이다. 그 계절에는 사시나무 군락 전체가 정말로 하나의 유기체처럼 보인다.

미국사시나무의 나무줄기는 군락의 뿌리에서 올라오며 나무 자체는 기껏해야 백 년쯤 살고 죽는다. 그러나 땅속의 뿌리는 여전히 살아서 계속 싹을 올려 보내고 미래를 준비한다. 이런 생장

6) 우리나라에서는 '사시나무 떨듯'이라는 관용 표현이 있다—옮긴이.

방식 때문에 비록 숲에 노령의 나무가 없더라도 사시나무는 아주 오래된 나무로 여겨진다. 이처럼 복제로 형성된 군락의 일부는 수천 년을 살았고, 판도Pando라고 불리는 유타주의 미국사시나무 군락은 8만 년이나 되었다고 알려졌다. 그 뿌리가 매년 크기를 확장하여 현재는 43만 제곱미터에 이른다. 이 '나무들'과 뿌리를 포함한 전체 무게를 잰다면, 지구에서 알려진 가장 육중한 생명체의 자리에 미국사시나무가 오를 것이다.

더 찾아보기: 문화적으로 변형된 나무

B

그는 인도 북부 비하르주의 보드가야에 이르러
강 근처의 한 나무 아래에 앉았다. 그 나무는 앎의 경지에
이르게 한 나무라 하여 보리수(菩提樹)라고 불렸다.

Baobab (*Adansonia* spp.) 바오밥나무

나무계의 낙타. 바오밥나무속 나무는 건조한 지대에서 자라면서 거대한 몸통에 물을 잔뜩 저장한다. 사진작가 베스 문Beth Moon은 이 나무를 찻주전자, 꽃병, 물병 등 물을 담는 용기에 비유한 바 있다.

남아프리카공화국의 글렌코 바오밥Glencoe Baobab이라는 바오밥나무는 둘레가 47미터나 되었는데, 안타깝게도 줄기가 쪼개지는 바람에 34미터짜리 다른 나무에게 챔피언 자리를 넘겨주고 말았다. 바오밥나무는 줄기가 굵을 뿐 아니라 아주 오래 산다는 특징이 있다. 기록상 가장 오래된 바오밥나무는 2011년에 2,450세로 생을 마감했다. 수령이 강털소나무*Pinus longaeva*에 비할 바는 아니지만 소나무는 겉씨식물인 침엽수이고 바오밥나무는 속씨식물인 현화식물이다. 따라서 현재 바오밥나무는 꽃이 피는 식물 중에서 가장 고령의 기록을 보유한 나무다.[7)]

바오밥나무속에는 아홉 종이 있고 모두 바오밥나무라고 불린다. 그중 여섯 종은 마다가스카르에서 자생하고 두 종은 아프리카 본토에서, 나머지 한 종은 오스트레일리아에서 자생한다. 열매는 코코넛처럼 크고 껍데기가 단단하며 털이 나 있다. 열매 속 씨앗은 가루 재질의 흰색 과육이 둘러싸고 있다. 현지에서 이 과육

7) '미국사시나무' 항목에서 알 수 있듯이 이 기록에 대한 다른 관점도 있다.

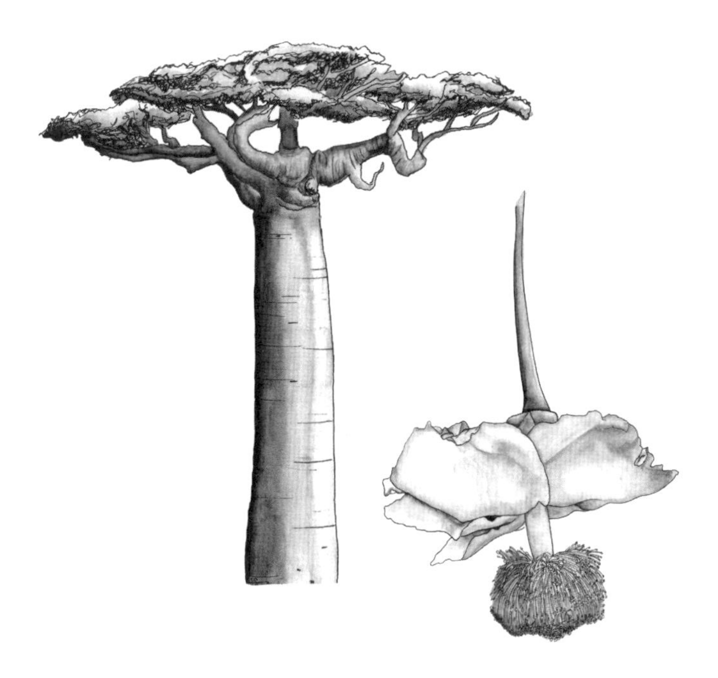

바오밥나무는 꽃이 피는 현화식물 가운데
가장 고령의 기록을 보유했다.

은 간식으로 인기가 높다. 2008년 유럽연합 규제 기관이 바오밥나무를 식재료로 인정한 이후로 수입산 바오밥나무 열매 분말이 간식거리나 음료 등의 가공식품에 많이 등장하고 있다.

생텍쥐페리의 『어린 왕자』에서 왕자는 바오밥나무가 자기 소행성을 다 차지할까 염려되어 열심히 바오밥나무 싹을 뽑는다. 그러나 오늘날 우리 행성이 정말로 걱정할 일은 기후변화로 인한 가뭄으로 바오밥나무가 죽어간다는 사실이다.

더 찾아보기: 미국사시나무, 챔피언

Beech (*Fagus* spp.) 너도밤나무

매끄러운 회색 수피가 특징인 수종. 전 세계에 10종의 너도밤나무속 식물이 자라지만 가장 수가 많고 중요한 두 종은 미국의 동부 전역과 캐나다에 분포하는 미국너도밤나무*Fagus grandifolia*와 유럽 중북부에서 가장 흔한 활엽수인 유럽너도밤나무*Fagus sylvatica*다.

너도밤나무가 크게 자라면 나무 밑동에서 곁뿌리가 튀어나온

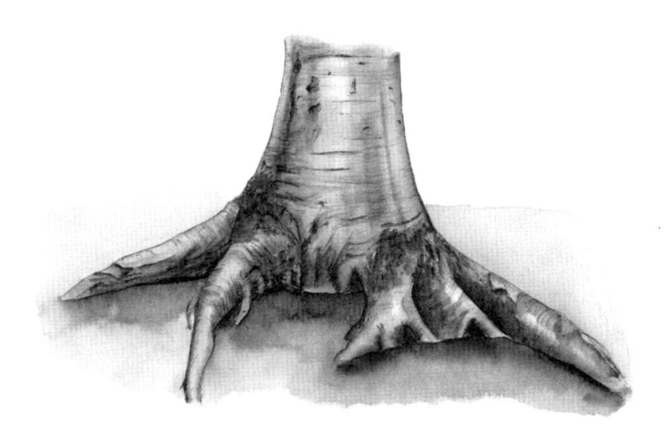

너도밤나무의 뿌리는 사방으로 갈라져 나와
수많은 유기체를 먹여살린다.

다. 회색의 부드러운 몸통과 땅 위로 불룩하게 자라는 뿌리의 조합은 코끼리 다리와 발가락을 연상시킨다. 시인 조이스 킬머Joyce Kilmer는 나무와 땅의 만남을 독특한 시선으로 바라보았다. 킬머는 「나무」Tree라는 시에서 "대지의 단물 흐르는 젖가슴에 굶주린 입술을 대고" 있다고 표현했다.

동물의 다리에 빗대었든, 식물의 입술에 비유했든, 이 곁뿌리가 땅속에서 퍼져나가 나무의 반경 바깥으로까지 뻗어나간다는 사실은 변함이 없다. 건강한 너도밤나무 숲에서 곁뿌리는 수없이 가지를 치며 다른 너도밤나무 뿌리는 물론 다른 식물의 뿌리나 균근성 곰팡이와도 연결된다. 곁뿌리에서 갈라져 나와 생장을 멈추지 않는 실뿌리는 토양에 서식하는 수많은 유기체의 지하 먹이원이다.

또한 이 뿌리에서는 비치드롭*Epifagus virginiana* 종자의 발아를 촉진하는 화학물질이 스며 나온다. 비치드롭은 갈색이 도는 작은 현화식물로 스스로 광합성하지 않고 전적으로 너도밤나무 뿌리에 의존해 살기 때문에 너도밤나무가 없으면 생명을 이어가지 못한다. 다른 생물들도 너도밤나무에 삶을 의탁한다. 곧 나비가 될 많은 애벌레가 너도밤나무 잎을 먹고 몸집을 키운다. 너도밤나무 열매는 곰에게도 중요한 식량이고, 한때 인간도 이 열매에 영양을 의지해 살았다.

더 찾아보기: 조이스 킬머, 균근, 너도밤나무껍질병

Beech Bark Disease 너도밤나무껍질병

현재 미국 동부, 캐나다, 유럽 전역에서 수많은 너도밤나무가 이 병에 걸렸다. 너도밤나무껍질병은 너도밤나무깍지벌레*Cryptococcus fagisuga*라는 하얀 털로 뒤덮인 날지 못하는 아주 작은 곤충에서 시작한다. 이 깍지벌레는 모두 암컷으로, 수컷이 필요하지 않은 단성생식으로 번식하기 때문에 빠르게 개체수를 늘린다.

새로 태어난 깍지벌레는 너도밤나무 주위를 기어다니다가 침 같은 주둥이를 나무에 꽂고 수액을 빨아먹는다. 이때 난 작은 상처로 곰팡이 포자가 들어가 살기 시작한다. 이 균류는 신알보리수버섯속*Neonectria*에 속하는데 이름과는 달리 우리가 흔히 아는 버섯을 만들지 않고 나무의 조직에 침투해서 살아 있는 세포를 먹는다. 이 곰팡이가 자라면서 세포가 죽고 궤양이 발생하는데, 나무줄기 전체를 에워쌀 정도로 궤양이 퍼지면 나무는 물과 양분을 수송하지 못해서 죽게 된다.

크고 오래된 나무일수록 너도밤나무껍질병에 걸리기 쉽다. 과정 자체는 천천히 진행되어 한 그루가 죽기까지 아주 오랜 시간이 걸리기도 한다. 몇십 년 전에 감염되었다고 보고된 나무가 아직까지 살아 있는 경우도 있을 정도다. 큰 나무가 죽으면 이후 3~4년 동안 뿌리에서 움을 올려보낸다. 이런 식으로 원래의 나무는 유전적으로 계속해서 생명을 유지한다. 물론 질병에 취약한 유전자를 이어받았으니 결국에는 새로운 줄기도 감염될 것이다.

너도밤나무깍지벌레는 1800년대 중반 이전에 유럽에서 기록되었고, 1800년대 후반에 캐나다 노바스코샤주에 들어온 것을 시작으로 북아메리카에서 너도밤나무껍질병이 퍼지게 되었다. 그 때부터 이 병은 남쪽과 서쪽으로 퍼져나가 여전히 미국 전체에 확산하고 있다. 다행히 지역별로 나무의 취약성이 다양하고 일부는 저항성을 갖고 있는 덕분에 우리는 여전히 커다란 너도밤나무를 즐길 수 있다.

Białowieża Forest 비아워비에자 숲

유럽에 남은 최후의 대규모 원시림. 폴란드와 벨라루스의 국경에 자리한 비아워비에자 숲은 유네스코 세계유산으로 등재되는 등 국제적으로 인정받았다. 이곳은 재도입된 유럽들소, 늑대, 희귀종 딱따구리, 올빼미, 명금류를 포함한 보기 드문 동식물의 보금자리다. 이 숲에서 발견되는 수종으로는 거대한 유럽참나무*Quercus robur*, 서어나무류*Carpinus* spp., 가문비나무류*Picea* spp.가 있다.

국제사회가 인정한 독특한 숲임에도 2016년 3월 전직 산림학과 교수였던 폴란드 환경부 장관 얀 시슈코Jan Szyszko는 이 숲에서 벌목량을 세 배로 늘리겠다고 발표했다. 여섯가시큰나무좀*Ips Typographus*이 퍼지면서 나무를 죽이고 있기 때문에 해당 수종을 미리 제거하여 간벌해야 한다는 논리였다. 이 오래된 천연림의 벌채를 반대하는 생태학자들은 이 숲이 존재한 지난 수천 년 동안 나무좀의 발발은 숱하게 일어났고 벌목이나 간벌이 효과적이라는 과학적 증거가 없다고 주장했다. 폴란드 환경 단체가 이 사실을 대중에게 알리면서 12만 명이 넘는 폴란드 국민이 벌목 중단을 요구하는 청원에 서명했다. 그러나 시슈코는 계속해서 벌목을 강행했다.

2016년 6월, 유럽위원회가 개입하여 폴란드 정부에 반대하는 절차를 시작했다. 유럽연합 집행위원회와 유엔이 동시에 벌목 행위를 규탄했고, 2017년 7월 유럽의회는 벌채 금지령을 내렸다. 시슈코는 금지령마저 무시하다가 법원에서 벌목 작업을 계속하면 하루에 10만 달러 이상의 벌금을 물리겠다고 경고하자 그제야 물러섰다. 2017년 11월, 벌목은 중단되었고, 2018년 초 시슈코는 해임되었다.

이는 길고도 파란만장한 숲의 역사의 한 이야기에 불과하다. 과거 비아워비에자 숲의 소유권은 폴란드에서 러시아, 독일 그리고 다시 폴란드와 벨라루스로 옮겨갔다. 제1차 세계대전이 한창이던 1915년에는 독일이 이 지역을 차지했는데, 3년의 점령 기간 동안 독일은 이 숲에 철로를 놓고 제재소를 지었으며 야생동물을 사냥했다. 1919년 2월, 폴란드 군대가 숲을 탈환했지만 마지막 들소는 이미 한 달 전에 사살된 상태였다. 1921년에 숲의 중심부가 보호구역으로 선포되고, 1929년부터는 들소가 재도입되기 시작했다. 1932년에 국립공원으로 지정된 이후로 오늘날까지 숲의 중심부는 아무도 손대지 않은 오래된 원시림으로 남아 있다.

관광객은 한 번에 20명 미만이 공식 안내자의 인솔하에 걸어서 또는 자전거나 마차를 타고 숲을 돌아볼 수 있다. 매년 약 15만 명이 이곳에 방문하는데 그중 10퍼센트는 다른 나라에서 온 사람들이다. 1995년에서 1999년까지 폴란드 환경부 장관은 비아워비에자 국립공원의 크기를 현재의 105제곱킬로미터까지 두 배로 늘렸다. 그러나 숲의 84퍼센트는 여전히 공원 밖에 위치한다. 여론조사에 의하면 폴란드 국민의 80퍼센트 이상이 숲 전체를 국립공원으로 지정하길 희망한다.

더 찾아보기: 노숙림

Birch (*Betula* spp.) 자작나무

자작나무속의 관목과 교목. 백자작나무, 노랑자작나무, 회색자작나무, 흑자작나무 등 색깔이 들어가는 별칭이 붙곤 하는데, 모두 수피의 색을 뜻한다. 자작나무는 수피의 변이가 잎보다 더 크다. 잎은 대개 타원형이고 끝으로 갈수록 뾰족해지며 잎맥은 깃털처럼 갈라지고 가장자리에 톱니가 있다.

자작나무류는 전 세계 북부 지역에 넓게 분포하며, 북아메리카에 약 12종, 아시아와 유럽에 약 50종이 있다. 대부분 키가 작고 수명이 짧은 편이지만 미국 동북부의 노랑자작나무*Betula alleghaniensis* 같은 종은 수령이 300년이나 되고, 키도 30미터까지 자란다.

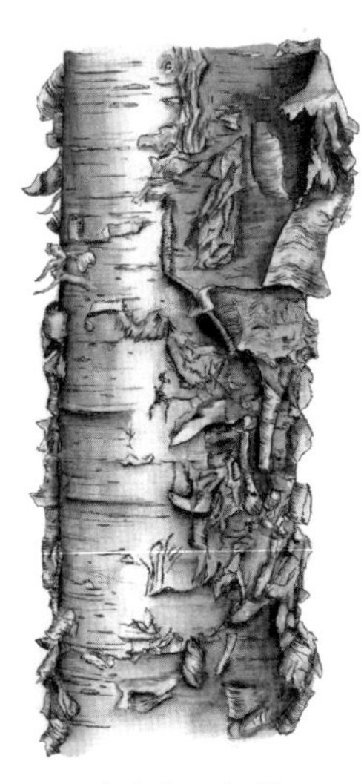

자작나무 수피는
종이처럼 벗겨진다.

'버치 비어'[8]라는 탄산음료는 자작나무 수피나 수액으로 만든다. 수피가 재료일 때는 나무껍질을 정제하여 향이 짙은 기름을 모아 음료에 첨가한다. 수액의 경우 단풍나무 수액과 같은 방식으로 채취한 노랑자작나무나 단자작나무*Betula lenta* 수액을 끓여서 졸인 다음 음료에 넣어 풍미를 더한다. 자작나무의 모든 목질성 부위에서는 가울테리아Wintergreen 향이 나기 때문에 자작나무를 식별하기 위해 잔가지를 부러뜨려 냄새를 확인하는 방법을 활용할 수 있다. 자작나무는 한때 '가울테리아의 기름'으로 불렸고 천연 향으로 인기가 있었다. 과거에는 수피를 채취하기 위해 많은 나무가 잘려 나갔지만 이 기름을 인공적으로 합성할 수 있게 된 이후 자작나무는 다시 개체수가 늘고 있다.

8) birch beer: 외국에서 흔히 볼 수 있는 탄산음료의 한 종류로, 이름은 '버치 비어'이지만 실제로 알코올은 함유되어 있지 않다—옮긴이.

Bodhi Tree 보리수

붓다가 그 아래에서 깨달음을 얻은 나무. 약 2,600년 전, 어린 왕자 싯다르타 고타마는 인간이라는 존재의 일부인 고통과 괴로움을 숙고하고 있었다. 마침내 그는 인도 북부 비하르주의 보드가야에 이르러 강 근처의 한 나무 아래에 앉았다. 그리고 3일 밤낮을 명상한 끝에 득도했다. 그는 고통의 근본적인 원인이 욕망이며, 욕망은 잠재울 수 있는 것임을 깊이 깨달았다. 그날부터 사람들은 그를 '깨달은 자'라는 뜻에서 붓다로 불렀다.

붓다의 가르침은 불교의 근간이 되었으며, 그 나무는 앎의 경지에 이르게 한 나무라 하여 보리수菩提樹라고 불렀다.[9] 붓다의 보리수는 식물학적으로 뽕나무과, 무화과나무속의 인도보리수*Ficus religiosa*라는 식물이다. 피쿠스 렐리기오사*Ficus religiosa*[10]라는 학명은 한 종교의 기원에 잘 어울린다.

붓다는 깨우침을 얻고 난 뒤 첫 주를 보리수 아래에서 보냈다. 두 번째 주에는 그저 서서 나무를 바라보았다. 다섯 번째 주가 되어서야 그는 자신의 경험에 답을 내리기 시작했다. 오늘날 인도보리수는 여전히 그 자리에서 자라고 있으며 붓다에게 깨달음을 준 보리수의 후손이라고 여겨진다. 많은 사람이 이 보리수를 보기 위

9) 보리수나무과의 뜰보리수와 피나무과의 보리자나무는 이름만 비슷할 뿐 전혀 별개의 식물이다—옮긴이.
10) 종소명 *religiosa*은 '성스러운'이라는 뜻이다—옮긴이.

보리수 아래의 붓다.
붓다는 3일 밤낮을 명상한 끝에 득도했다.

해 순례를 떠난다.

모든 인도보리수가 보리수는 아니다. 보리수라는 별칭을 얻기 위해서는 붓다가 깨달음을 얻은 바로 그 나무의 후손이어야 한다. 자야스리마하보디Jaya Sri Maha Bodhi는 2,300여 년 전에 붓다의 보리수에서 가지 하나를 잘라서 심은 것으로 스리랑카의 아누라

다푸라에 있으며 지금까지 인간이 심은 가장 오래된 나무로 알려졌다. 하와이 호놀룰루의 포스터 식물원에는 1913년에 심은 또 다른 보리수가 자란다.

더 찾아보기: 무화과나무

Braun, E. Lucy 엠마 루시 브라운

엠마 루시 브라운1889~1971은 1950년에 오늘날 고전이 된 『미국 동북부의 낙엽수림』*Deciduous Forests of Eastern North America*을 출간했다. 이 책을 집필하기 위해 루시 브라운은 언니인 애넷 브라운Annette Braun과 함께 미국 동부 전역을 수없이 여행했다. 오하이오주 신시내티에서 태어난 자매는 엄격한 부모에게서 자연, 특히 식물에 대해 많은 것을 배우며 자랐다. 둘 다 결혼하지 않았고 평생 자연을 익히고 서로의 연구를 도우며 살았다.

1911년 에넷 브라운은 신시내티대학교 역사상 여성으로는 최초로 박사 학위를 받았다. 1914년에 동생인 루시 브라운이 그 뒤를 이었다.[11]

루시 브라운은 숲에서 식물을 연구하며 다양한 식물 군집의 범위와 종류를 밝혔다. 루시에 따르면 몇몇 수종은 한 숲에서 동시에 나타나는 경향이 있는데 그건 해당 지역의 지질학적 특성 때

11) 여섯 번째라는 의견도 있다.

문이다. 루시가 식물을 채집하는 동안 애넷은 나방을 수집하고 자세히 그렸다. 그 결과 애넷은 마침내 340종의 신종을 명명하며 나방의 세계적인 전문가가 되었다.

자매는 평생 함께 살았으며, 한때 교직을 시도했지만 수업 일정에 구애받지 않고 연구하기 위해 그만두었다. 두 사람은 주로 오하이오·켄터키·테네시주에서 지냈고, 총 10만 5,000킬로미터를 누비며 미국 동부 전체를 훑었다. 이들의 활동은 동부의 활엽수림에 제한되지 않았다. 자매는 미국 서부에도 13번이나 찾아갔다.

루시 브라운이 그저 다정다감한 독신 여성이었을 것이라고 상상하면 곤란하다. 루시의 강인한 의지와 거친 입담에 대한 뒷이야기가 무성하다. 과거 루시의 학생이었던 루실 더럴Lucile Durrell은 단체로 야외 조사에 나갈 때마다 "사람들은 루시가 원하는 곳에서 밥을 먹고 루시가 원하는 곳에서 쉬었다. 결정을 내리는 것은 언제나 루시였다"라고 말했다. 루시는 오하이오주 애덤스 카운티의 대초원 지역에서 처방화입[12]에 강하게 반대했다. 그곳의 암석질 토양은 너무 얕아서 불을 견디지 못할 거라는 걸 알았기 때문이다. 더럴에 따르면 한 교수가 보전 지역 관리에 관해 질문하자 루시는 "산불 대처 관행을 거세게 공격하기 시작했다. …정말로 화끈한 답변이었다."

12) 산불 예방 등의 이유로 계획적으로 불을 놓는 행위—옮긴이.

1950년에 루시는 여성 최초로 미국생태학회 회장으로 선출되었다. 뛰어난 식물학자 이상이었던 루시는 환경 보전 활동에도 앞장섰다. 1920년대 초반, 오하이오주의 한 지역이 루시의 눈에 들어왔다. 칼슘이 함유된 토질 덕분에 희귀한 야생화가 풍부하게 자라는 곳이었다. 루시는 오늘날 에지 오브 애팔래치아Edge of Appalachia라고 부르는 이 애팔래치아 가장자리 지역을 보전하기 위한 로비 활동에 나섰다. 마침내 1959년에 환경 단체 네이처 컨서번시The Nature Conservancy가 17만 제곱미터의 땅을 매입하여 보호구역으로 설정했다. 이를 시작으로 오랜 세월 많은 이가 애팔래치아 보전을 위해 기부했고 보호구역은 계속 추가되어 현재는 800만 제곱미터를 아우르는 11개 보호구역으로 늘어났다.

루시가 보존을 주장했지만 실패한 장소도 여럿 있다. 1935년에 루시는 켄터키주의 가든 클럽에서 자신이 조사한 내용을 발표했다.

"페리 카운티 남부 깊숙이 레더우드 크리크의 린 포크에는 제가 지금까지 본 것 중에서 가장 아름다운 원시림이 있습니다. … 우리는 희미한 산길을 따라 아무도 손대지 않은 숲을 걸어 커다란 포플러가 있는 곳에 이르렀습니다. 둘레가 7.3미터나 되는 거대한 백합나무*Liriodendron tulipifera*였어요.[13] 다섯 사람이 팔을 뻗어

13) 미국에서는 백합나무를 노란 포플러(Yellow Poplar)라고 부르기도 한다. 우리가 흔히 아는 포플러 나무와는 전혀 다른 종이다—옮긴이.

야 겨우 두를 수 있었죠. 그 거대한 나무줄기가 하늘을 향해 가지 하나 뻗지 않고 올라가는데, 어찌나 높은지 잎사귀 하나를 제대로 보지 못했습니다. 캘리포니아주 동쪽에서 그렇게 큰 나무를 본 적이 없어요. 하지만 그 나무는 그 숲에 사는 수많은 거목 중 하나일 뿐입니다. …그곳은 누구에게도 방해받지 않은 곳입니다. 무성한 하층은 더 말해 무엇할까요. 숲 바닥에는 초본과 아름다운 야생화가 사방에 깔려 있습니다. …그레이트스모키산맥에서도 저렇게 아름다운 숲과 큰 나무는 보지 못했습니다. 모두 힘을 합쳐 이 지역을 구합시다."

열의에 찬 이 연설로 '켄터키주 원시림 구조 연맹'Save Kentucky's Primeval Forest League이 설립되었다. 하지만 루시가 그토록 다채롭게 묘사한 그 숲은 연설 2년 후인 1937년에 개벌되었다.

루시 브라운이 세상을 떠난 지 50년이 되었지만, 그녀가 남긴 유산은 아직도 살아서 숨 쉰다. 브라운 자매는 켄터키주를 탐험하던 어느 여름 정착민 학교에 머무르며 그곳을 이끄는 여성들과 친구가 되었고 그들에게 숲의 식물에 관해 알려주었다. 이들이 다음 세대를 가르쳤고, 루시가 죽은 후 그들 중 하나가 새로운 학교 직원인 코니 피어링턴Connie Fearington에게 그 식물들의 이름을 가르쳤다. 피어링턴은 다시 자신의 딸인 선샤인 브로시Sunshine Brosi에게 루시가 남긴 지식을 전달했다. 현재 브로시는 식물학 교수가 되어 완전히 새로운 세대의 학생들에게 숲과 그 숲의 식물들이 얼마나 중요한지 가르치고 있다.

Bullhorn Acacia (*Vachellia cornigera*) 쇠뿔아카시아

멕시코와 중앙아메리카에서 자생하는 이 작은 나무는 개미와 대단히 흥미로운 관계다. 쇠뿔아카시아는 바켈리아속*Vachellia* 식물로 개미에게 식량과 거주지를 제공한다. 그 보답으로 개미는 나뭇잎을 뜯어 먹고 사는 온갖 동물로부터 나무를 지킨다.

나무가 개미에게 제공하는 음식은 소엽[14] 끝에 생기는 단백질이 풍부한 작은 결절과 잎자루의 작은 샘에서 분비하는 당이 풍부한 수액, 두 종류다. 개미의 거주지는 잎의 밑부분에 쌍으로 자라는 속이 빈 뿔의 형태로 제공된다. 쇠뿔아카시아라는 이름도 여기에서 왔다.

새로 탄생한 여왕개미는 제일 먼저 아카시아의 뿔 가시를 입으로 갉아서 작은 구멍을 내고 그 안에 기어들어가서 15개에서 20개의 알을 낳는다. 부화한 일개미는 가시에서 나와 식물이 차려놓은 밥상에서 음식을 모아 온다. 개미 군락이 150마리 정도로 성장하여 많은 가시를 차지하게 되면 그때부터 개미들은 본격적으로 나무를 보호하여 귀뚜라미든 염소든 식물에 접근하는 모든 동물을 무차별적으로 공격한다. 적이 나타나면 경계성 화학물질을 내

14) 겹잎을 이루는 작은 잎—옮긴이.

쇠뿔아카시아는 개미에게 집과 먹이를 제공한다.
개미는 쇠뿔아카시아를 포식자에게서 보호한다.

뿜어 주변에 있는 동료 개미들을 불러 모은 다음 떼 지어 방어한다. 그 결과 쇠뿔아카시아는 잎이 먹히지 않을 수 있다. 이 개미들은 거주하는 아카시아 주변에서 싹이 튼 나무를 제거하는 방식으로 경쟁자까지 '관리'한다.

이 나무에 흥미로운 반전이 있으니, 식물을 먹고 산다고 알려진 유일한 거미가 바로 이 쇠뿔아카시아에서 발견되는 것이다. 깡충거미의 일종인 바게에라 키플링기*Bagheera kiplingi*는 개미처럼 쇠뿔아카시아 잎끝에 자라는 혹을 먹고 산다. 시력이 예민한 이 거미는 능수능란하게 개미를 피해 다닌다. 쇠뿔아카시아와 개미의 상리공생이 먼저 진화했고 거미는 나중에 그 사이에 끼어들었을 가능성이 크다.

Burl 벌

나무의 몸통에서 둥글게 자라는 이상 조직. 겉은 수피로 덮여 있지만 그 아래의 생장 패턴은 대단히 불규칙하다. 식물학자 도널드 컬로스 피티Donald Culross Peattie가 검은물푸레나무*Fraxinus nigra*에 생긴 이 혹 조직에 관해 이렇게 화려하게 설명했다.

"산악 지대 지도의 등고선처럼, 하늘에 펼쳐진 오로라처럼, 깨끗한 백사장을 훑고 가는 어두운 파도처럼 보인다."

벌은 여러 수종에서 생기며 모양이 똑같은 것은 하나도 없다. 빅토리아 시대에는 벌이 있는 호두나무가 서랍장 재료로 인기가

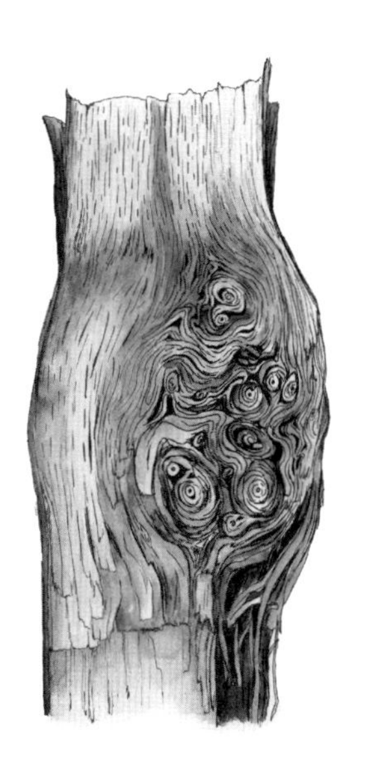

벌이 생긴 나무는
독특한 패턴을 지닌
진귀한 목재로 여겨진다.

좋았다. 요새는 벌이 있는 단단한 가구는 대부분 세쿼이아*Sequoia sempervirens*로 만든다. 얇게 절단해서 베니어판으로 쓰기도 한다. 나무에 이런 이상 조직이 생성되는 원인을 둘러싸고 많은 가설이 제기되었지만 벌에 대한 연구가 전무한 상황이라 정확한 답은 아직 알 수 없다. 수피 안쪽의 살아 있는 조직인 나무의 부름켜는 정상적인 상황에서 규칙적인 나이테를 만든다. 그러나 나무가 상처를 입으면 이상 반응이 일어나 세포가 걷잡을 수 없이 분열하게 되는데 그 결과물이 벌이라고 말하곤 한다. 애초에 상처는 물리적 손상, 곤충, 세균, 곰팡이 등이 원인이다. 아직까지 인위적으로 벌을 만들어낼 수는 없다.[15)]

더 찾아보기: 분열 조직

15) 벌(Burl)에 대응하는 적절한 한글 용어는 아직 없다. 영국에서는 버(Burr)라고도 하며 가구 업계에서 옹이 또는 혹이라고 표현하기도 하는데 둘 다 엄밀히 말하면 이 책에서 설명하는 벌과는 다르다—옮긴이.

C

"이 땅에서 가장 중요하고 필요한 것이
이 오래된 숲에 새겨져 있소. 신이
시다의 향을 아끼는 것도 같은 이유에서요."

Cacao (*Theobroma cacao*) 카카오

초콜릿의 원료인 코코아콩을 생산하는 나무. 카카오는 열대지방의 숲 하층에서 자라는 작은 관목이다. 남아메리카 안데스산맥의 동쪽 기슭에서 진화했고 초기에는 사람의 손에 의해 멕시코 남부, 중앙아메리카, 남아메리카의 아마존 분지 지역까지 퍼졌다. 현재는 코코아콩 대부분이 생산되는 아프리카를 비롯해 10만 제곱킬로미터에 이르는 열대 전역에서 카카오가 재배된다.

카카오 잎은 아보카도 잎을 닮아서 크고 가장자리에 톱니가 없다. 카카오에서는 색색의 커다란 꼬투리열매가 달리는데, 다른 열매와 달리 길쭉한 꼬투리가 줄기와 큰 가지에서 직접 자란다. 꼬투리 안에는 40~50개의 커다란 갈색 씨앗이 달콤한 흰색 과육으로 둘러싸여 있다. 과육은 생으로 먹어도 좋고 발효하여 음료를 만들 수도 있다.

그러나 이 식물이 그렇게 사랑받게 된 것은 전적으로 씨앗 덕분이다. 코코아콩이 바로 초콜릿의 원료이기 때문이다. 과육을 코코아콩과 함께 발효시키면 초콜릿의 풍미가 한결 깊어진다. 발효된 코코아콩을 말려서 가공 장소로 운송한 다음에는, 굽고 쪼개어 껍데기를 제거하고 알맹이를 갈아서 반죽을 만들거나 압착하여 코코아버터나 코코아를 만든다. 이 기본 과정이 변형되면 종류가 다른 초콜릿이 탄생한다. 카카오 품종은 크게 10가지가 있는데 모두 유전 조성이 다르고 각각의 이름이 있다. 이처럼 코코아콩 자체의 차이 그리고 가공 과정의 변형은 감정가들이 높이 평가하는 미묘한 초콜릿의 맛을 만든다.

인간이 카카오를 재배한 역사는 4,000년이나 되고, 기원전 1700년에 이미 카카오로 만든 음료에 대한 기록이 있다. 초콜릿에는 우리가 벗어날 수 없는 매력이 있는 것 같다. 소설가 제임스 패터슨James Patterson은 이렇게 말한 바 있다.

색색의 꼬투리열매 안에
코코아콩 40~50개가
들어 있다.

"만약 이 과학자들이 영민한 머리를 제대로만 사용했더라면… 누구도 배를 곯지 않고, 누구도 병들지 않으며, 모든 건물이 지진과 폭탄과 홍수에도 거뜬할 것이고, 현재의 세계 경제가 붕괴되고 오직 초콜릿의 가격에 기반하는 체제로 대체될 것이다."

패터슨은 기원후 700~1600년 메소아메리카의 마야 문명과 아즈텍 문명에서 코코아콩이 화폐로 쓰였다는 사실을 알았던 걸까? 그 시대에는 코코아콩 1개로 아보카도 또는 토마토 1개, 코코아콩 3개로 계란 1개, 코코아콩 100개로 칠면조 1마리를 바꾸어 먹을 수 있었다.

Carbon Sequestration 탄소 격리

우리가 숲속에서 보는 갈색 나무줄기와 가지는 모두 본질적으로 대기 중의 탄소가 고체화된 상태다. 광합성은 세상을 바꾸는 생화학 과정으로 식물과 일부 미생물이 스스로 식량을 만들어 먹게 한다. 오직 공기와 물을 원재료로 햇빛 아래에서 광합성을 하면 공기 중에 들어 있는 이산화탄소가 설탕, 녹말, 셀룰로오스와 같은 화합물로 저장된다. 이 탄소화합물은 이후 에너지로 쓰이거나 식물의 몸을 만든다. 이렇게 식물에 축적된 분자 안에는 과거 공기 속에 들어 있던 탄소가 갇혀 있는 셈인데, 이를 탄소의 '격리'라고 표현한다. 알다시피 나무는 아주 크게 자라고 또 오래 살기 때문에 탄소를 포함하는 분자를 여러 해 동안 보유한다. 이 목질부가 불에 타거나 썩지 않는 한 탄소가 풀려나 공기 중으로 되돌아가는 일은 없다.

이산화탄소는 광합성 속도의 제한 요소이므로 근대에 들어와 대기 중의 탄소 농도가 높아지면서 광합성량이 증가한 것은 사실이다. 그러나 인간이 화석 연료를 태워서 추가로 방출한 탄소량을 모두 처리하기에는 턱없이 부족하다. 사실 화석 연료란 아주아주 오래전에 살던 식물에 대량으로 격리된 탄소화합물이다. 현재 육상 식물은 우리가 배출하는 탄소의 약 30퍼센트를 흡수한다. 나무가 크고 수령이 오래될수록 매년 격리할 수 있는 탄소량도 많아진다. 오래된 세쿼이아 원시림은 지구상의 그 어떤 숲보다 많은 탄소를 저장한다.

더 찾아보기: 로버트 T. 레버렛, 세쿼이아아과

Catface 고양이 얼굴

나무줄기에서 수피가 제거되었을 때 상처 부위에 유합조직이 형성되면서 생긴 흉터. 원래는 테레빈유를 채취하기 위해 수피에 낸 절개 모양에서 유래한 용어다.

미국에서 맨 처음 테레빈유 생산을 위한 송진이 수확된 나무는 뉴잉글랜드의 리기다소나무*Pinus rigida*였지만, 1776년 독립전쟁 이후 노스캐롤라이나·사우스캐롤라이나·조지아·앨라배마·루이지애나·플로리다주의 대왕소나무*Pinus palustris*로 수종이 바뀌었다. 소나무 껍질에 알파벳 V자 모양으로 흠집을 내면 V자 아래로 수액이 흘러나오는데 이것을 주석 팬에 받아 증류하여 테레빈유를 만든다. 처음 절개한 부위에서 더 이상 수액이 나오지 않으면 기존의 V자 위쪽에서 흉터를 넓혀가며 수피를 더 제거한다.

그렇게 위로 올라가면서 계속해서 수피를 제거하면 최대 높이 3미터, 너비 60센티미터의 흉터가 생긴다. 반복적인 절개로 수피 밑의 목재가 수염 모양으로 파이는 바람에 '고양이 얼굴'catface이라는 말이 생겨났다. 이 작업은 대부분 노예나 죄수들에게 맡겨졌다. 테레빈유는 미국 남부에서 목화와 쌀 다음으로 많이 수출하는 품목이었다. 미국 내 테레빈유 생산의 절정기는 1830년대였다. 이 시기에 플로리다주에서 테레빈유는 오렌지 다음으로 경제적으로 중요했다. 테레빈유 생산에 동원된 나무는 결국 대부분 죽었고, 잘려서 판자로 팔려나갔다.

1870년에서 1930년까지 대략 2세대 만에 남부 지역에서 한때 50만 제곱킬로미터를 뒤덮었던 대왕소나무는 전멸했고 테레빈유 산업도 함께 사라졌다. 그러나 지금까지 간혹 고양이 얼굴을 한 나무가 발견된다.

오늘날 이 용어는 나무줄기에 생긴 모든 흉터에 적용된다. 상처가 생기는 가장 흔한 원인은 강도가 낮은 지면 화재다. 산불은 바늘잎이나 잔가지가 나무줄기 가까이 잔뜩 쌓여 있는 비탈면 바닥에서 가장 뜨겁다. 이 불이 수피 아래의 부름켜에 손상을 주어 흉터를 남긴다. 화흔은 지면에 가까운 쪽이 가장 넓은 삼각형 모양이다. 나무는 흉터를 덮으려고 애쓰지만 종종 상처 부위가 채 아물기 전에 새로운 화재가 일어난다.

미시간주 어퍼반도의 한 연로한 수목 감독관의 말에 따르면 과거에는 당시 신기술이던 무한궤도 트랙터에 의해 손상된 나무를 지칭할 때도 '고양이 얼굴'이라는 용어를 사용했다. 벌목장에서 말이 나무를 운반하던 시절에는 작업자가 통나무를 끌어내릴 때 말에게 충격을 주지 않도록 다른 나무에 부딪히지 않게 조심했지만, 트랙터 같은 중장비가 사용되면서 기계와 쓰러진 나무들이 서 있는 나무에 수시로 부딪히고 긁히면서 상처를 남겼다.

더 찾아보기: 문화적으로 변형된 나무, 소나무

Cedar 시다

많은 나무의 일반명에 등장하는 단어. 이 이름이 들어간 나무 중에는 서로 근연관계가 아닌 것들이 많다. 일례로 연필향나무 *Juniperus virginiana*의 영어 일반명은 '동부붉은시다'eastern redcedar이지만 이 나무는 향나무이지 시다가 아니다. 미국 태평양 북서부 또는 캐나다 브리티시컬럼비아주의 오래된 숲에서 엄청난 크기와 복잡한 특징들로 탄성을 자아내는 플리카타측백*Thuja plicata*은 '서부붉은시다'Westem redcedar라고 불리지만 역시 진짜 시다가 아니다. 두 나무 모두 분류학적으로 측백나무과Cupressaceae에 속한다. 측백나무과는 세쿼이아속*Sequoia*, 세쿼이아덴드론속*Sequoiadendron*, 낙우송속*Taxodium*, 향나무속*Juniperus* 등이 속한 아주 큰 식물 분류군이다.

진짜 시다는 소나무과Pinaceae의 개잎갈나무속*Cedrus*으로 그중에서 북아메리카에 자생하는 종은 없다. 독자가 알 만한 진짜 시다의 예는 히말라야시다(개잎갈나무)*Cedrus deodara* 또는 레바논시다*Cedrus libani*이며 바늘잎 다발이 나선 모양으로 배열된다. 진짜 시다의 향과 곤충을 쫓는 특성은 수천 년간 귀하게 여겨졌다. 일부 신대륙 나무에 무작정 또는 착오로 시다라는 이름을 붙인 것도 이

나무들의 향이 좋았기 때문이다. 애완동물용품 가게의 햄스터 톱밥이나 연필을 깎고 남은 부스러기의 나무 냄새를 생각해보라.

서양 문학에서 가장 오래되었다고 알려진 작품은 길가메시 서사시다. 이 이야기는 기원전 1700년경 석판에 새겨진 것으로 히브리어 성경에 기록된 사건들이 일어난 시대와 비슷하다. 길가메시 서사시와 성경에 모두 시다 숲을 베어내는 이야기가 나온다. 길가메시 서사시의 배경은 흔히 '문명의 요람'이라고 하는 티그리스-유프라테스강 계곡이다. 이 이야기에서는 많은 교육을 받았지만 자아가 강한 길가메시가 산악인 엔키두와 한 팀이 되어 물질적 부라는 공동의 목표를 성취한다. 그 부는 궁전과 사원을 짓는데 사용되었던 크고 오래된 시다를 베어내어 얻은 것이다.

고대인은 신 또는 신의 권한을 받은 필멸의 존재가 숲을 지킨다고 생각했다. 길가메시 서사시에서 레바논시다는 훔바바라는 헐크 같은 괴물이 보호하고 있었다. 길가메시와 엔키두는 시다 숲을 베기 위해 먼저 훔바바를 쓰러뜨려야 했다. 싸울 준비를 마치고 숲에 도착한 두 사람은 이 멋진 나무들을 보고 놀라서 이렇게 감탄한다.

> "상록수의 그늘은 시원하기도 하거니와 위안을 주었다. 그들은 그 아래에서 기쁨을 느꼈다. 그곳은 뒤엉킨 덤불이 가득했다. 두 사람은 소나무와 시다의 달콤한 내음에 취했고 이상한 새와 동물의 광경에 경이를 느꼈다."

훔바바는 숲을 베지 말라고 경고했다.

"이 땅에서 가장 중요하고 필요한 것이 이 오래된 숲에 새겨져 있소. 신이 시다의 향을 아끼는 것도 같은 이유에서요. …이 숲은 인간이 이 세상에 나타나기 전부터 이곳에 있었고 … 신의 지혜가 나를 이곳에 보내었소. 인간이 얼마나 탐욕스럽고 눈앞의 것만 탐하는 미욱한 존재인지 잘 알고 있었으니. 당장의 부를 얻을 수 있다면 저들은 숲을 통째로 잘라낼 테지만 그렇게 되면 레바논과 시리아의 부는 고갈되겠지. 내가 죽으면 수년 안에 이 나무들은 모조리 사라지게 될 것이오. 시다의 땅에 시다는 보이지 않게 되리니."

그러나 길가메시와 엔키두는 훔바바를 해치우고 위대한 숲을 베기 시작했다.

성경에도 시다에 대한 이야기가 나온다. 천사가 이스라엘의 왕 다윗에게 나타나 제단을 지으라고 명했다. 제단은 크고 화려해야 한다고 생각했기에 그는 '지나치게 많은' 시다를 모아들였다.[16] 그러나 다윗은 '주님의 이름을 위한 집'을 완성하기 전에 이미 늙고 병들었다. 이스라엘 왕의 자리를 넘겨받은 아들 솔로몬이 성전 건축을 이어갔지만 이스라엘에서는 더 이상 시다를 찾을 수 없었다. 남은 숲은 히람이 다스리는 땅에 있었다. 그래서 솔로몬은 히

16) 한글 성경은 시다를 향백나무 또는 백향목이라고 옮겼다—옮긴이.

람과 거래했다. 히람은 이렇게 약속했다.

"시다와 방백나무(사이프러스)에 관해 당신이 바라시는 대로 따르겠습니다. 내 하인들이 목재를 레바논에서 바다로 가져갈 것입니다. 거기에서 그것들로 뗏목을 만들어 바다를 건너고 당신이 지시한 곳까지 도착하면 그곳에서 다시 분해할 터이니 그때 와서 가져가십시오."

레바논에는 한때 800제곱킬로미터의 시다 숲이 펼쳐졌지만 이제는 20제곱킬로미터도 채 남지 않았다.

더 찾아보기: 측백나무과

Champion 챔피언

각 수종의 살아 있는 개체 중 가장 큰 개체를 지칭하는 용어. 찰스 다윈이 고전 『종의 기원』에서 언급했듯이 모든 종은 개체 간에 변이가 있게 마련이다. 개체 사이의 유전적 차이 그리고 그 개체가 서식하는 환경 요인의 차이로 인해 이 세상의 모든 개별 종에 챔피언이 있다. 인간은 각 수종의 챔피언을 찾는 데 유난히 열심이다. 미국에서 국가 노거수 등록은 1940년부터 시작됐고, 이는 '미국 숲 협회'American Forests Association가 관리한다.

챔피언은 점수제로 결정된다. 각 후보의 점수는 몸통의 둘레, 키, 수관의 평균 폭의 4분의 1, 이렇게 세 가지 항목의 수치를 합산한 총점이다. 각 종에서 가장 높은 점수를 얻은 나무가 전국 챔피언이 된다. 나무는 평생 자라고 언젠가는 죽기 때문에 거목의 순위에는 늘 변동이 있다.

이 측정 시스템은 단순해 보이지만 나무의 모양은 그야말로 제각각이고 이 세 가지 값을 측정하는 방법에도 많은 차이가 있기 때문에 생각만큼 단순하지 않다. 수고樹高, 즉 나무의 높이를 재는 것이 가장 큰 문제다. 과거에는 한 지점에서 줄기까지의 수평거리를 잰 다음, 경사계를 이용해 그 지점에서 꼭대기까지의 각도를 찾았다. 그러나 1990년대에 적외선 거리측정기가 개발되면서 '사인법'sine method이라는 좀더 정밀한 방법이 개발되었다. 이제는 전국 챔피언을 결정할 때 이 방식이 선호된다.

더 찾아보기: 로버트 T. 레버렛

Cherry (*Prunus* spp.) 벚나무

흰색 또는 분홍색 꽃이 피는 나무로 가운데에 단단한 씨가 들어 있는 검거나 붉은 열매가 열린다. 헨리 데이비드 소로는 수필 『숲속 나무의 천이』*The Succession of Forest Trees*에서 이 씨에 관해 이렇게 말했다.

"버찌의 씨가 얼마나 교묘하게 자리 잡고 있는지 보아라. 새들이 이 씨를 실어 나르지 않을 도리가 없다. 유혹적인 과피 한가운데 들어 있으니 입이나 부리로 열매를 삼켜야 하는 생물은 어쩔 수 없이 씨도 함께 삼킨다. 버찌를 잘라 먹지 않고 한입에 넣고 씹는 사람이라면 감미로운 과육 중앙에 박혀 있다가 마지막에 혀에 남는 커다란 땅의 잔재를 느꼈을 것이다."

종자가 딱딱한 목질부에 둘러싸인 이런 열매를 핵과라고 부르며, 돌처럼 단단하다고 하여 영어로는 '돌멩이 열매'stone fruit라고 한다. 핵과 식물에는 자두, 복숭아, 살구 등이 있고 모두 벚나무속 *Prunus* 식물이다.

사람이 벚나무 열매를 먹기 시작한 것은 선사시대부터다. 양벚나무*Prunus avium*의 자생 범위는 유럽 대부분, 아시아 서부, 북아프리카 일부에까지 이른다. 북아메리카에도 펜실베이니아벚나무 *Prunus pensylvanica*, 버지니아귀룽나무*Prunus virginiana*, 세로티나벚나무 *Prunus serotina* 같은 토종 벚나무가 있다. 모든 벚나무의 과육은 먹어도 무해하다. 야생종은 얼굴을 찌푸리게 하기 십상이지만 말이다. 단, 씨에는 청산가리로 전환될 수 있는 시안화물이 들어 있으므로 많이 삼키면 안 된다.

많은 이가 벚꽃의 연약하고 덧없는 아름다움을 즐겨 감상한다. 일본에서는 벚꽃을 사쿠라라고 부르고, 꽃이 만개한 철에는 사람들이 모여서 함께 꽃을 구경하는데 이를 하나미라고 한다. 수천 명의 인파가 공원을 채우고 벚꽃 아래에서 돗자리를 펴고 앉아 먹고 마시며 즐긴다. 축제는 해가 진 후에도 이어져 나무에 매단 등불이 꽃과 그 아래에 모인 사람들을 비춘다.

1885년에 엘리자 시드모어Eliza Scidmore라는 미국 여행작가가 일본에 갔다가 이 사랑스러운 나무와 축제를 보았다. 미국에 돌아온 시드모어는 워싱턴 D.C.에 벚나무를 심자는 의견을 냈으나 무시되었다. 그녀는 직접 나서서 기금을 모아 나무를 심고, 1909년 당시 영부인이었던 헬렌 태프트Helen Taft에게 이 아이디어를 제안했다. 태프트는 그 제안에 동의했고, 곧이어 일본 정부가 2,000그루의 벚나무를 영부인에게 기증했다.

이 나무들은 일본에서 시애틀로 운송된 다음, 이후 27일에 걸쳐 워싱턴 D.C.까지 이동했다. 그러나 워싱턴에 도착한 나무는 감염되고 병들어 모두 처분되고 말았다. 하지만 2년 뒤에 도쿄 시장이 미국 정부에 3,000그루의 건강한 벚나무를 추가로 선물했고, 이 나무들과 1965년에 추가로 기증된 3,800그루가 워싱턴 D.C.에 심어졌다. 오늘날 그곳에서 열리는 벚꽃 축제에 전 세계에서 100만 명의 인파가 몰려든다.

벚나무 잎은 많은 애벌레의 주요 먹이원이다. 그중 미국 동부에서 가장 눈에 띄는 것은 동부텐트나방*Malacosoma americanum*이다. 보통 많은 종의 애벌레가 홀로 살아가는 반면 동부텐트나방은 사회성이 대단히 강하다. 나방 암컷이 무더기로 낳은 알에서 작은 애벌레들이 부화하면 애벌레들은 이내 합심하여 하얀 실로 천막을 친다. 심지어 다른 암컷이 낳은 알에서 나온 애벌레도 무리에 합류한다. 거미처럼 이 애벌레도 엉덩이의 특별한 구멍에서 섬유를 뽑아낸다. 이들은 알아서 천막의 가장 넓은 면이 태양을 향하게

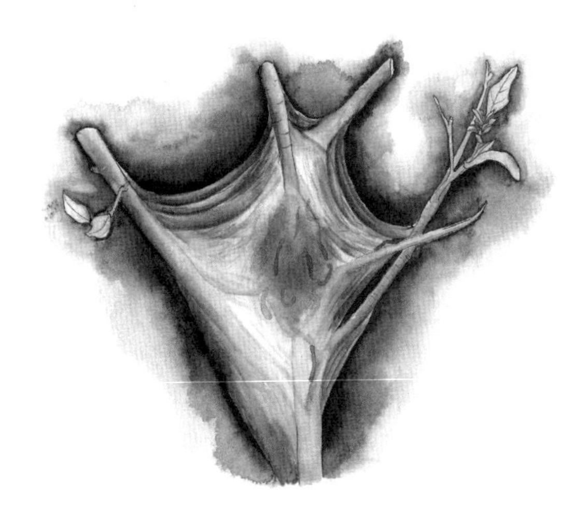

벚나무에 텐트나방 애벌레가 지은 둥지.

집을 짓기 때문에 쌀쌀한 봄 날씨에도 햇볕에 데워진 아늑한 공간에서 지낼 수 있다.

애벌레들은 하루에 세 번씩 단체로 모험에 나서 천막을 확장하고 식사를 한다. 누구든 좋은 먹이원을 발견하면 냄새를 남겨 동료에게 알린다. 사람들은 털 달린 이 애벌레와 그 집을 보면 질색하지만, 애벌레가 잎을 갉아 먹어도 나무 자체는 금세 회복하고 새들도 찾아와 애벌레 밥상을 즐긴다.

Christmas Tree 크리스마스트리

특정한 수종을 지칭하는 용어가 아니라 크리스마스 시즌에 장식되는 모든 상록수를 말한다. 낮이 가장 짧은 겨울철에 상록수로 집 안을 장식하는 전통은 역사의 기록보다 오래되었다. 언제나 푸르름을 자랑하는 녹색 식물은 지역마다 다른 문화적 전통으로 실내에 들여졌다. 어떤 지역에서는 병을 일으키는 악령을 내쫓고 식구들의 건강을 기원하기 위해 들였고, 다른 지역에서는 집 안의 녹색 식물은 바깥의 들판과 숲이 곧 다시 푸르러지리라는 것을 상징하기에 집 안에 들였다. 이런 전통은 자연스럽게 특히 발트해 지역에서 크리스마스를 기념하며 집 안에 상록수 가지나 나무를 설치하는 관습으로 옮겨갔다.

1600년대의 독일 개신교도들도 크리스마스를 기념하며 실내에 나무를 세우고 장식한 것으로 유명했다. 그 풍습은 독일과 연관된 왕족들을 통해 퍼져나갔다. 1800년대에 들어서 장식된 나무 앞에서 감탄하는 왕족이 그려진 그림은 이 관습을 더욱 확산시켰다.

미국에서는 1830년대만 해도 크리스마스트리가 드물었지만, 1890년대에는 많은 가정에서 흔하게 나타났다. 이제는 전 세계에서 트리를 장식하고, 심지어 바티칸에서도 트리를 선보인다. 크리스마스트리 나무 산업이 호황이라 미국에서만 4,000제곱킬로미터의 땅에 크리스마스트리로 쓰일 나무를 심는다. 겨울철 실내

장식용으로 잘려 나가기 위해 여러 종류의 침엽수가 재배된다. 가장 잘 팔리는 나무는 구주소나무*Pinus sylvestris*, 미송*Pseudotsuga menziesii*, 프레이저전나무*Abies fraseri*, 발삼전나무*Abies balsamea*, 스트로브잣나무*Pinus strobus*다.

1955년에는 미국 크리스마스트리 협회가 설립되었다. 이 조직의 회원들은 지역 선발과 전국 대회를 거쳐 서로 경쟁하여 최종적으로 백악관에 들어갈 나무를 선정했다. 백악관 직원이 우승한 재배자의 농장을 찾아가 나무를 선별하고, 선택된 나무가 워싱턴에 도착하면 영부인에게 전달되어 백악관 블루룸에 설치된다.

더 찾아보기: 미송

CMT 문화적으로 변형된 나무

CMT는 '문화적으로 변형된 나무'culturally modified tree의 약자다. 인간은 언제나 자연을 도구로 삼아 예술을 창조하고 메시지를 전달해왔다. 바위 같은 재료는 아주 오래 지속되므로 1만 년 전에 새긴 암각화가 현대에 와서 발견되기도 한다.

하지만 같은 시기에 누군가가 나무에 작품을 새겨놓았더라도 지금까지 남아 있을 리는 없다. 그 나무는 이미 아주 오래전에 썩어서 없어졌을 테니까. 그러나 최소 수백 년 앞서 살았던 사람들에 대한 기록이 보관된 나무가 있다. 그중 일부는 예술이 아닌 실용적인 목적으로 수집되었던 수피와 목재다. 나무의 겉껍질은 베짜기에, 속껍질은 가공되어 음식이나 치료약으로 사용되었고, 크기가 큰 수피 조각은 집을 짓는 데 사용되었다.

나무에서 수피를 채취할 때는 나무줄기의 위와 아래를 가로로 절개한 다음, 장비를 넣고 지렛대 원리로 비집어서 벌리고 바닥에서 붙잡고 끌어올려 껍질을 통째로 떼어낸다. 나무는 대체로 이런 상처를 잘 회복하지만 흉터는 평생 남는다. 수피가 제거된 날짜는 연륜연대학 방식으로 추적할 수 있다. 과거에는 이런 나무들도 다른 나무와 차별 없이 벌채되었지만, 몇십 년 전부터 이처럼 인위적인 상처가 있는 나무는 '문화적으로 변형된 나무'로 인지되어 역사 유물로 보존된다.

과거에 토착민이 어린나무를 골라 가지나 줄기를 구부리거나 묶고, 꼭대기를 잘라 곁가지의 생장을 부추겨 기형적으로 생장시켰다는 주장도 있다. 이처럼 변형된 나무는 성장하면서 '길 표시 나무'가 되어 방향을 알리는 표지판 기능을 했을 것이다. 그러나 이 주장에는 이견이 분분할 뿐만 아니라 아직 뒷받침할 기록도 발견되지 않았다.

나무 몸통에 새겨진 이름이나 그림도 나무가 인위적으로 변형된 다른 예다. 이처럼 수피에 조각한 작품을 수각화라고 한다. 이는 현대에 와서 생긴 관습이 아니다. 뉴질랜드의 모리오리족이나 캘리포니아주 중부와 남부 해안 지역의 추마시족 같은 토착 민족도 나무줄기에 그림을 새겼다.

사시나무 수피에 새겨진 수각화.
나무의 수령이 더해가면서 윤곽이 더 도드라진다.

1800년대 후반에서 1960년대 후반까지는 아일랜드인과 바스크인 양치기들이 흥미로운 작품을 남겼다. 당시 많은 목동이 일자리를 찾아 미국으로 향했는데, 새로운 땅에 도착한 이들은 외떨어진 지역으로 파견되어 밤낮으로 양 떼를 지키게 되었다. 즐길 거리가 없는 외로운 직업이었다. 때문에 언젠가부터 몇몇 목동이 사시나무의 흰 껍질에 메시지나 (주로 여인의) 이미지를 새기기 시작했다. 얕게 팬 칼집은 치유되면서 다음 해에 회색 흉터로 부풀어 오르고, 나무의 수령이 더해가면서 그 윤곽은 점점 더 도드라졌다.

목동들의 수각화는 미국 서부 전역에서 발견되었고 이제는 의미 있는 문화 자원으로 여겨진다. 목동들의 흔적이 조각된 많은 나무가 결국에는 수명을 다해 쓰러졌다. 몬태나주의 어느 호수 근처에 "나는 이곳에 다시는 돌아오지 않을 것이다"라고 새겨진 빛바랜 통나무가 있다. "아마 낚시할 때만 빼고." 사시나무는 오래 사는 나무가 아니라서 이런 고독과 갈망의 메시지는 빠르게 사라지고 있다.

연인들은 셰익스피어 때부터, 아니 그전부터 나무에 두 사람의 이니셜을 새겨왔을 테지만 지금은 보는 이들의 눈살을 찌푸리게 한다. 조그맣게 새긴 이니셜이 나무를 죽일 리는 없겠지만 상처는 상처다. 게다가 남들의 눈에 불쾌하게 보이고 감상을 방해할 수 있다는 점을 염두에 두자.

더 찾아보기: 연륜연대학, 미국사시나무

Coppicing 왜림작업

영국에서는 정기적으로 숲속의 개암나무, 서어나무, 단풍나무, 버드나무, 물푸레나무, 참나무 줄기를 지면에서 바짝 잘라낸다. 잘린 부위의 둘레에서 여러 개의 줄기가 새로 올라오기 때문에 목재 수확량이 늘어나게 된다. 이것을 왜림작업이라고 한다. 철기가 만들어지기 훨씬 전인 6,000년 전부터 사람들이 의도적으로 나무의 밑동을 잘라왔다는 증거가 있다.

새로 돋아난 줄기는 다루기 좋아서 바구니, 울타리, 산책로를 만드는 데 쓰이거나 채소를 새로 심을 때 도움이 된다. 새 줄기는 숯을 제작하는 데도 쓰인다. 몇백 년에 걸쳐 왜림작업을 반복하다 보면 나무의 그루터기 폭은 아주 넓어진다. 이 작업의 이점은 목재가 다루기 쉬운 크기로 다시 빠르게 자란다는 점이다. 또한 나무를 잘라낸 다음 다시 심을 필요가 없어서 토양도 상대적으로 안정된 상태를 유지할 수 있다.

더 찾아보기: 도장지, 버드나무

Cultivar 재배종

살아 있는 모든 종은 다양성이 있다. 인간은 독특한 형질을 지닌 식물을 골라서 교배하여 이런 다양성을 자본화했다. 이와 같은 인위적인 교배·선별·증식의 결과물이 재배종이다. 재배종은 그 품종을 개발한 사람이 이름을 붙이고 특허까지 소유한다. 재배종으로 인정되려면 자연적으로 발생한 것이 아닌 경작지에서 재배된 것이어야 한다.

스위스 제네바에 본부가 있는 국제식물신품종보호연맹UPOV은 이런 규칙을 감독하는 기관이다. 만약 새로운 재배종이 종자나 덩이줄기에 의해 번식하면 식물 품종 보호 인증서를, 복제 기술에 의해 번식하면 특허를 받게 된다. 이 인증서는 나무의 경우 25년 동안 유효하며 그 기간에는 인증서를 소유한 사람이 새로운 품종의 번식과 유통을 완전히 통제할 수 있다. 인기 있는 신품종을 개발하여 큰 부를 얻은 육종가도 있다.

재배종이라는 단어는 1923년에 처음 등장했고, 1960년 무렵에는 전 세계에서 사용되었다. 양묘장에서 나무를 구입할 때 이름 뒤에 따로 작은따옴표로 표시된 이름이 있는 식물이 재배종이다. 예를 들어 피루스 칼레리아나 '브래드포드'*Pyrus calleryana* 'Bradford'는 아시아 원산인 캘러리배나무*Pyrus calleryana*의 재배종이다. 이 악명 높은 재배종 이야기는 좋은 의도에서 시작한 일이 어떻게 예측에서 벗어날 수 있는지를 잘 보여준다.

브래드포드 배나무 이야기는 미국 오리건주의 과수원에서 시작한다. 당시 많은 과수원이 과수화상병이라는 심각한 세균성 질병으로 몸살을 앓았다. 그러던 중 1908년에 한 식물학자가 수입산 캘러리배나무에 과수화상병 저항성이 있다는 걸 알게 되었다. 그는 과수원의 나무를 보강할 생각에 이 아시아 배나무를 밑나무로 하여 접목 실험을 시작했다. 1916년에는 실험에 사용할 변이를 확보하기 위해 식물 탐험가들이 중국으로 가서 자생하는 캘러리배나무의 종자를 수집해 오기도 했다. 이 씨들은 오리건주와 메릴랜드주의 미국 농무부 연구소 시험장에서 재배되었다.

1950년대에 메릴랜드주 시험장 소속 원예사 존 크리치John Creech가 이 나무의 엄청난 장점을 발견했다. 그중에서도 한 나무가 다른 나무와 달리 가시가 없고 수형이 아담하고 예쁘며 해충이나 병에 걸리지 않고 다양한 토양에서도 잘 자랐던 것이다. 크리치는 이 나무를 번식시키기로 하고 연구소 전 소장이었던 프레데릭 브래드포드Frederick Bradford의 이름을 따서 재배종의 이름을 지었다.

1960년에 크리치는 자신이 개발한 새 재배종을 양묘장에 배포했다. 이 품종은 정부가 생산한 재배종이었으므로 누구나 무료로 번식시킬 수 있었다. 많은 양묘장에서 이 나무를 재배하기 시작했고, 조경사와 정원을 꾸미는 일반인들에게 빠르게 인기를 얻었다. 브래드포드는 자가불임이라 열매를 맺지 않고 꽃이 가장 환영받는 초봄에 꽃을 피웠으며 가을이면 아름답게 물들었다. 또한 상대적으로 크기가 작고 수형이 대칭이라 처음에는 더할 나위 없이 이상적인 나무로 보였다.

문제는 10~20년이 지나면서 나타나기 시작했다. 이 나무의 꼿꼿하고 아담한 형태는 가지가 몸통에 바싹 붙어 자라서 가능한 것이었다. 이처럼 바싹 붙어서 나는 가지는 각도가 넓은 가지보다 약하기 때문에 브래드포드는 폭풍이 불면 쉽게 부러졌다. 하지만 이 정도는 문제도 아니었다. 브래드포드의 꽃 자체는 자가불임이라 원래 열매가 열리지 않지만 다른 캘러리배나무는 이 꽃을 수정시킬 수 있었다. 공교롭게도 다른 캘러리배나무 재배종들이 출시되었고, 밑나무로 쓰인 캘러리배나무 중 일부가 꽃을 피우면서 벌들이 여기저기로 꽃가루를 실어 날랐다. 그래서 브래드포드 배나무가 열매를 맺었고 그 열매를 먹은 새들은 생울타리와 조림지에 씨를 뿌렸다.

캘러리배나무는 침입성이 아주 강한 종이라 봄철에 고속도로변을 아름답게 빛내주지만 자연 지대에서는 관리자들의 골칫거리가 되었다. 대개 모두 브래드포드 배나무라고 통칭하지만 사실 야생에서 자라는 것들은 다른 종자다. 따라서 한때는 영광이었던 이 재배종의 이름은 이제는 민망한 명칭이 되었다.

재배종을 심지 말라고 이 이야기를 한 것은 아니다. 느릅나무시들음병에 저항성이 있는 미국느릅나무 '뉴하모니'*Ulmus americana* 'New Harmony'나, 선명한 색을 자랑하는 설탕단풍 '본파이어'*Acer saccharum* 'Bonfire'를 비롯한 수백 가지 다른 품종들은 전혀 문제가 없다.

Cypress (Cupressaceae) 측백나무과

아주 많은 나무가 속해 있고 중요한 수종도 많아서 이 책에서도 여러 항목에서 자세히 다뤄지는 나무 과科다. 향나무, 연필향나무, 세쿼이아, 피츠로야*Fitzroya Cupressoides*, 낙우송*Taxodium distichum* 등이 모두 이 측백나무과에 속한다. 측백나무과 나무는 북극에서 사하라사막까지 전 세계에 130종 이상이 분포한다. 몬터레이측백*Hesperocyparis macrocarpa*처럼 '측백'cypress이라는 단어가 영어식 일반명에 들어가 있는 경우도 있지만 대부분은 그렇지 않다. 측백나무과의 식물은 대부분 상록수고 관목이지만, 낙우송 같은 종은 겨울이면 깃털처럼 생긴 잎을 떨어뜨린다.

플리카타측백의 자생지를 보여주는
북아메리카 서부 해안 지도.

측백나무과에는 세계 기록을 보유한 나무가 총집합했다. 세계에서 가장 키가 큰 나무인 세쿼이아부터 가장 부피가 큰 나무인 거삼나무*Sequoiadendron giganteum*, 줄기 둘레가 가장 큰 나무인 몬테주마낙우송*Taxodium mucronatum*, 분포 지역이 가장 넓은 나무인 두송*Juniperus communis*, 남아메리카에서 가장 나이가 많은 나무인 피츠로야, 북아메리카 동부 지역에서 가장 오래된 나무인 낙우송까지 모두 측백나무과다. 이 과에는 세계에서 가장 잘 팔리는 식물도 포함되는데 바로 레일란디측백*Cupressus × leylandii*이다.

사실 레일란디측백은 캘리포니아주 중부 해안 지역 자생인 몬터레이측백과 그보다 북쪽으로 알래스카주 남동부에서 브리티시컬럼비아주를 거쳐 캘리포니아주 북부까지 자생하는 누트카황백*Callitropsis nootkatensis*(옐로시다라고도 부른다)의 잡종이다. 자생 지역에서는 분포 범위가 겹치지 않아서 두 종이 서로 교배하지 않는다. 그러나 1800년대에 영국 웨일스의 한 사유지에서 두 나무를 나란히 심는 바람에 한쪽의 꽃가루가 다른 쪽의 밑씨에 도달해 씨를 맺고 자라게 되면서 그 유명한 레일란디측백이 탄생했다. 생장 속도가 유난히 빠른 이 나무는 마침내 양묘업자의 눈에 띄어 재배되기 시작했고 1926년부터 영국 전역에 판매되었다.

그러나 레일란디측백의 이야기는 브래드포드 배나무와 일면 비슷하게 전개되어 한때 조경사의 최애 품종이었던 이 나무는 끔찍한 악몽이 되고 말았다. 나무가 너무 잘 자라는 게 문제였다. 어찌나 빨리 크게 자라는지 생울타리로 심으면 금세 옆집까지 그늘을 드리웠다. 곳곳에서 이웃 간 다툼이 일어났고 웨일스에서는 한 남성이 레일란디측백 울타리 문제로 시비가 붙었다가 총에 맞아 사망하는 사건까지 벌어지면서 '지옥에서 온 울타리'라는 별명이 붙기도 했다.

2005년에는 웨일스와 영국에 '레일란디 법'이라고 알려진 반사회적 행동 금지령이 도입되면서 지방정부가 울타리 분쟁을 조정할 권한을 얻게 되었다. 그해에 레일란디측백 울타리와 관련된 공식적인 민원만 해도 1만 7,000건으로 집계되었다.

미국에서는 레일란디측백 울타리를 여전히 심고 있으며, 많은 재배종이 개발되었다. 그러나 따뜻한 지역에서는 측백나무줄기마름병을 일으키는 곰팡이가 퍼지기 때문에 수명이 짧다.

더 찾아보기: 시다, 재배종, 피츠로야, 향나무, 세쿼이아아과

D

미송을 다른 나무와
구분할 수 있는 가장 좋은 방법은
솔방울을 보는 것이다.

Davis, Mary Byrd 메리 버드 데이비스

데이비스1936~2011는 최초로 미국 동부 지역의 노숙림老熟林 목록을 작성했다. 1993년 데이비스의 『동부 노숙림 조사서』*Old Growth in the East: A Survey* 초판이 발행되기 전에는 동부 지역 어디에 얼마나 많은 노숙림이 남아 있는지 정확히 파악되지 않았다.

대규모 노숙림 조사는 급진적 환경 단체 '어스 퍼스트!'Earth First!의 리더인 데이브 포먼Dave Foreman과 메리의 아들인 존 데이비스John Davis의 아이디어였다. 이들이 조사 책임자로 메리 버드 데이비스를 선택한 것은 데이비스가 숲 생태 전문가일 뿐만 아니라 과거 데이비스가 프랑스 원자력 산업 출판물 같은 다른 프로젝트에서 자신의 조사 능력을 증명했기 때문이다. 데이비스의 노숙림 조사는 실로 대단한 업적이었다. 로버트 T. 레버렛은 이렇게 말했다.

"데이비스가 메인주에서 플로리다주까지 수많은 정보를 수집하여 정리하는 방식을 보고 한동안 감탄했다. 이 정도면 자아도취에 빠져도 좋을 것이다. 이런 일을 해낼 수 있는 사람은 별로 없다. 나는 당연히 못 한다."

『동부 노숙림 조사서』를 집대성한 것 외에도 1996년에 데이비스는 문집인 『동부 노숙림: 재발견과 회복 전망』*Eastern Old-Growth Forests: Prospects for Rediscovery and Recovery*을 편집했다. 또한 미국 전역에 남아 있는 노숙림 보호에 관심을 끌기 위해 보전 활동 계간지 『와일드 어스』Wild Earth를 공동으로 창간했다. 나는 이 저널을 읽었고 많은 이가 그랬듯이 그 메시지에 큰 영향을 받았다. 데이비스는 세상을 떠났지만 그녀의 연구는 여전히 유용하고 높이 평가받고 있다.

더 찾아보기: 로버트 T. 레버렛, 노숙림

Dendrochronology 연륜연대학

나이테를 세고 너비를 측정하는 작업뿐만 아니라 나이테가 형성된 정확한 연도를 밝히는 학문이다. 온대림처럼 계절이 뚜렷한 지역에서 초봄에 생산된 목질부는 색깔이 연하고 구멍이 많지만, 늦여름에 생성된 목질부는 색이 더 짙고 밀도도 높다. 그 결과가 우리에게 익숙한 나이테다.

1737년에 프랑스 과학자들은 유난히 겨울이 혹독했던 1709년의 나이테가 다른 해보다 훨씬 짙다는 것을 발견했다. 이 1709년의 나이테는 일종의 기준점이 되었고 그렇게 연륜연대학이라는 과학이 탄생했다. 특정 나이테의 연대를 결정할 수 있게 되자 그 나무가 자란 곳의 기후와 기후변화에 관한 정보도 딸려 왔다. 나이테는 나무가 있던 숲에서 일어난 산불의 빈도와 강도에 대한 정보도 제공한다. 동일한 지역에서 생장한 나무는 대략 비슷한 날씨를 경험하므로 나이테 너비의 패턴이 비슷하게 발달한다(예를 들어 비가 많이 온 해는 나이테의 너비가 넓고 가뭄이 든 해는 더 좁다). 이렇게 고유한 나이테 패턴으로 특정 시기를 가리키는 연대기를

계절이 뚜렷한 지역에서 초봄에 생산된 목질부는
색깔이 연하고 구멍이 많다.

구성할 수 있다.

나이테의 특정 패턴을 연대가 알려진 기존 나이테에 매치시키는 작업을 '나이테 연대 교차 비교'라고 한다. 중부 유럽에서 참나무와 소나무의 나이테를 교차 비교한 나이테 연대기는 1만 2,500년까지 확장되었다. 이렇게 오래된 나이테 연대기는 범람원에서 자라다가 홍수로 강둑이 무너지면서 진흙에 파묻힌 나무의 나이테를 분석한 결과물이다. 물속의 무산소 환경에서 이 나무들은 썩지 않고 거의 화석화되어 나이테를 잘 보존할 수 있었다. 개별 나무는 고작 몇백 년밖에 살지 못하지만 아주 오랜 시간에 걸쳐 워낙 많은 나무가 보존되었기 때문에 각 나무의 나이테를 순차적으로 이어 붙여 믿을 수 없을 만큼 긴 세월을 거슬러 가는 기록을 만들 수 있었다. 나이테 연대기에서 현재에 가까운 부분은 아직 살아 있는 나무나 오래된 건물에 사용된 목재, 고고학 유적지에서 발굴된 나무 등을 참조하여 제작한다.

미국 서부의 강털소나무를 바탕으로 또 다른 긴 나이테 연대기가 재구성되었다. 이 나무가 자라는 지역은 건조하고 춥기 때문에 죽은 나무도 썩지 않고 온전한 상태로 남아 있었다. 그 결과 살아 있는 나무와 죽어서 쓰러진 나무의 나이테를 연결해 길고 긴 나이테 패턴을 기록할 수 있었다.

나이테 연대기의 정보는 다음과 같이 사용된다. 연륜연대학자 닐 페더슨Neil Pederson은 세계무역센터가 무너지면서 노출된 원목 기둥이 1770년에 필라델피아에서 건조된 선박의 것이라고 밝혔다. 한편 아칸소대학교 나이테 연구소 소장 데이비드 스테일David Stahle은 나이테를 이용해 지구 강우 패턴의 변화를 추적한다.

더 찾아보기: 엔트, 분열조직, 소나무

Douglas-fir (*Pseudotsuga menziesii*) 미송

캘리포니아를 상징하는 숲 뮤어 우즈Muir Woods를 구한 존 뮤어John Muir가 유명을 달리했을 때, 그의 명판은 그가 생전에 뮤어 우즈에서 가장 좋아했던 나무 옆에 설치되었다. 그 나무는 숲속 높이 치솟은 세쿼이아가 아닌 미송이었다.

미국 서부의 이 소나무과 나무는 상록수이고 솔방울이 달린다. 많은 소나무가 여러 개 잎이 다발로 묶여서 나오지만 미송은 전나무처럼 하나짜리 평평한 바늘잎이 나온다. 그래서 영어권에서는 더글라스전나무Douglas-fir라는 일반명으로 불리지만 사실 전나무는 아니다. 소나무과 나무 중에서 하나짜리 납작한 바늘잎을 가진 또 다른 식물로는 솔송나무속*Tsuga* 나무가 있다. 이런 유사성 때문에 가짜pseudo 솔송나무*Tsuga*라는 뜻에서 미송의 속명은 '*Pseudotsuga*'라고 명명되었다.

미송을 다른 나무와 구분할 수 있는 가장 좋은 방법은 솔방울을 보는 것이다. '미송의 솔방울에는 비늘 사이로 생쥐의 꼬리와 뒷다리가 삐져나와 있다'고 아메리카 원주민들은 말한다. 그들의 사회에서 전해 내려오는 옛이야기가 있다. 어느 날 숲에 불이 났다. 불길이 빠르게 번져 통구이가 되게 생긴 생쥐는 이 나무 저 나무 찾아가 도움을 청했다. 큰잎단풍*Acer macrophyllum*은 수피가 미끄러워 도와줄 수 없었다. 솔방울이 작고 수피가 얇은 솔송나무*Tsuga sieboldii*도, 측백나무나 향나무도 생쥐를 위해 해줄 수 있는 게 없었다. 그때 마침 미송이 생쥐에게 자기의 두껍고 불에 잘 타지 않는 수피를 타고 올라와 솔방울 속에 숨으라고 했다. 솔방울 비늘 사이의 틈이 좁아 몸이 다 들어가지 않았지만 어쩔 수 없이 생쥐는

미송 솔방울 비늘
사이로 생쥐의 꼬리와
뒷다리 같은 포엽이 붙어 있다.

고개를 들이밀었다. 화마가 지나가면서 발과 꼬리를 그을렸지만 적어도 생쥐는 목숨을 구했다. 오늘날 미송의 솔방울 비늘 밑에는 차마 다 숨지 못한 생쥐의 뒷다리와 꼬리가 남아 있다.

상업용 조림 지역에 끝없이 줄지어 선 미송은 그다지 깊은 인상을 주지 못하지만, 원래 이 나무는 1,000년을 넘게 살 수 있으며 세쿼이아만큼이나 높이 자란다. 가장 크고 고령이었던 나무는 안타깝게도 지금은 베어졌지만, 살아 있을 때는 높이가 120미터나 되었다. 현재는 99미터가 가장 큰 기록이다. 미국 태평양 북서부의 이 노거수는 점박이올빼미*Strix occidentalis*의 중요한 보금자리다. 붉은나무밭쥐*Arborimus longicaudus*도 미송의 바늘잎을 먹고 숲 바닥에서 높이 떨어진 미송 가지에 둥지를 짓고 산다.

오리건주 샌티엄 밸리의 노목들을 구하기 위해 그 지역의 미송을 국립기념물로 지정해야 한다고 주장하는 단체가 있다. 이들은 2014년부터 이 프로젝트를 추진했고 거의 2,000명의 지지를 받았다. 하지만 미국 국립기념물은 대통령이나 의회에서만 선포할 수 있기 때문에 쉽지만은 않은 과제가 될 것이다.

더 찾아보기: 뮤어 우즈, 점박이올빼미

E

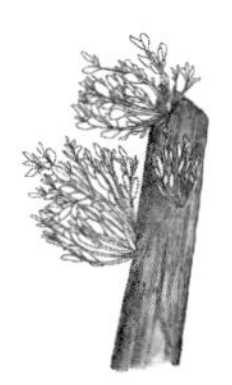

그루트는 동종의 다른 일원처럼 후두가 경직되어
발음을 알아듣기가 거의 불가능하다.
따라서 그가 하는 말은 모두 "나는 그루트다"로 들린다.

Emerald Ash Borer (*Agrilus planipennis*) 서울호리비단벌레

하도 많이 거론되어 이제는 간단히 EAB라는 이니셜로 통하는 곤충. 이 딱정벌레목 생물은 길이가 약 8.5밀리미터이고 이름이 암시하듯 아름다운 금속성 에메랄드 초록색으로 빛난다. 앞날개를 들어올리고 비행할 때면 루비색 복부가 노출되는데, 이런 모습을 보면 과연 비단벌레과Buprestidae에 속할 만하다. 다른 비단벌레처럼 서울호리비단벌레도 전체적인 모양이 좁고 길쭉하며, 머리는 납작하고 꼬리는 끝으로 갈수록 뾰족해진다.

원래 동북아시아 원산인데 자생 지역에서는 크게 눈에 띄지 않다가 아메리카로 건너와 심각한 피해를 주면서 악명을 떨쳤다. 서울호리비단벌레는 1980년대 말에 목재 포장재를 통해 북아메리카에 발을 들였지만 처음 침입성 곤충으로 인식된 것은 2002년 미시간주였다. 그때 이후 22개 주와 캐나다 일부로 확산되었다. 야영지마다 서울호리비단벌레 확산의 위험 때문에 장작 이동을 금지한다는 경고판이 세워졌지만 이 벌레는 어느새 걷잡을 수 없이 퍼져나가 이동 경로의 모든 물푸레나무를 초토화했다. 이미 수천만 그루가 죽어나갔으나 그 확산 속도는 줄어들 기미가 보이지 않는다.

죽은 나무는 1년이 못 되어 부러지기 때문에 마을이나 등산로에서는 사고의 원인이 되기도 한다. 물푸레나무가 많이 서식하는 지방에서는 죽은 물푸레나무를 처리하는 비용 때문에 골머리를 앓는다. 미국밤나무에 퍼진 줄기마름병의 경우와 비슷하게 물푸레나무 숲 소유자들은 목재가 가치를 잃기 전에 서둘러 나무를 베어내라는 권고를 듣는다.

성충이 된 서울호리비단벌레는
수피를 갉아서
나무를 뚫고 나온다.

향기로운 아까시나무가 꽃을 피우는 가장 사랑스러운 봄날에 이 초록색 비단벌레는 날아다니며 짝짓기하고 각종 물푸레나무류의 껍질 틈에 알을 낳는다. 부화한 작고 하얀 유충은 곧바로 수피 아래를 갉아서 부드러운 변재를 먹기 시작한다. 유충이 만든 터널은 뱀의 형상으로 아름답게 구불대지만, 물과 수액의 이동을 방해하므로 안타깝게도 결국에는 나무를 죽이고 만다. 한겨울에는 유충도 섭식하지 않고 활동을 멈췄다가 기온이 10도 이상으로 올라가면 다시 먹이 활동을 시작한다.

서울호리비단벌레의 생활사는 유충이 터널 안에서 2.5센티미터 길이로 자라 번데기가 되고 성충이 되면 마침내 완성된다. 성충은 수피를 갉아서 나무를 뚫고 나온다. 성충이 탈출한 알파벳

D자 모양의 구멍은 서울호리비단벌레가 침입했다는 지표다. 가지가 죽어가면서 수관이 듬성듬성해지고 수피가 갈라져서 거친 겉껍질이 벗겨지는 것도 감염의 다른 증거다.

현재로서는 서울호리비단벌레를 막을 확실한 방법은 없다. 침투성 살충제는 너무 비싸서 사용하기 어렵고 약효도 1~3년밖에 지속되지 않는다. 수목원 같은 곳에 자라는 소수의 개체라면 모르지만 야생에서는 실효성이 떨어진다. 물론 서울호리비단벌레의 공격으로 대부분의 물푸레나무가 죽어나간 지역에서도 질기게 버텨낸 개체군이 있다. 이들 나무에서는 서울호리비단벌레에 대해 저항성이 있는 유전자가 발견되었다. 과학자들은 서울호리비단벌레를 견디는 묘목을 생산하기를 바라며 이 나무에서 꺾꽂이용 가지를 수집하고 있다. 다른 통제 방법으로는 서울호리비단벌레를 제압하는 기생성 곤충이 있다. 곤충학자들은 중국에서 네 종류의 기생말벌류를 데려와 교배하고 연구한 끝에 방사했다. 결과를 예측하긴 어렵지만 희망은 있다.

더 찾아보기: 물푸레나무, 변재

Ents 엔트

「반지의 제왕」을 비롯해 J.R.R. 톨킨의 판타지 소설에 나오는 반은 인간, 반은 나무인 종족이다. 이들은 시간이 지날수록 더 나무를 닮아간다. 톨킨의 엔트는 오래전부터 전 세계의 동화와 신화에서 묘사된 걷고 말하는 나무의 계보 중 가장 최근의 것이다. 1996년에 설립된 동부자생수목협회Eastern Native Tree Society의 회원들은 이 종족에서 이름을 따 자신을 '엔트'라고 부르기 시작했다.

오페레타 「장난감 나라」Babes in Toyland의 노래 「돌아올 수 없는 숲」The Forest of No Return은 1903년의 예다. 중세 시대 이탈리아에서는 '말할 줄 아는 나무 이야기'가 전해진다. 현대에 등장한 또 다른 캐릭터로는 그루트Groot가 있다. 1960년대에 마블 만화에서 처음으로 등장했고, 그 이후로 몇십 년 동안 간간이 모습을 드러내다가 2008년에 『가디언즈 오브 갤럭시』에서 정식 팀원이 되었다. 그루트는 어느 다른 행성의 플로라 콜로수스*Flora colossus*라는 종이다. 그루트는 동종의 다른 일원처럼 후두가 경직되어 발음을 알아듣기가 거의 불가능하다. 따라서 그가 하는 말은 모두 "나는 그루트다"로 들린다.

더 찾아보기: 로버트 T. 레버렛

Epicormic Branching 도장지

원래는 잠아潛芽였던 눈에서 자란 가지. 나무줄기, 즉 나무의 몸통에서 나온다. 일반적으로 가지의 눈은 나무가 자라면서 예측할 수 있는 패턴에 따라 나무줄기에 가까울수록 오래된 가지가 자라고 바깥으로 갈수록 가장 어린 가지가 생장한다. 그러나 가끔 이런 패턴이 무너지면서 어린 가지 끝이 아니라 나무줄기나 오래된 가지에서 움이 틀 때가 있다. 이런 비정상적인 생장은 나무의 심미적·경제적 가치에 타격을 준다.

도장지가 생성되는 원인은 완전히 밝혀지지 않았지만 몇 가지 요인을 짐작할 수 있다. 나무가 어떤 식으로든 손상을 입으면 휴면 상태에 있던 잠아가 생장하기 시작한다. 예를 들어 가지치기를 심하게 한 나무의 오래 묵은 가지에서는 새삼스럽게 새싹이 빠르게 자란다. 이런 가지는 보통 큰 가지에 수직으로 자라기 때문에 접합부가 약하다. 한편 바닥에서 가깝게 베어내거나 불에 탄 나무는 줄기 밑동의 눈에서 도장지가 나오는데 이를 '줄기맹아'라고

나무의 몸통에서 나온 도장지는 발아하지 않고 숨어 있던 줄기의 눈이 스트레스 반응으로 빠르게 자라나 형성한다.

한다. 줄기맹아는 왜림작업을 하는 주된 이유다.

이런 반응이 유독 활발한 나무가 있는데 바로 유칼립투스 *Eucalyptus* spp.다. 유칼립투스는 바닥까지 타버리고도 새로운 싹을 올려보낸다. 도장지는 나무가 살려면 반드시 잎을 늘려야 하는 심각한 스트레스에 대한 반응이다. 즉, 이런 '비상 체제'를 가동하지 않으면 곧 나무의 숨이 끊어질 만큼 광합성을 할 잎이 부족한 경우에 도장지가 발동한다.

더 찾아보기: 왜림작업

Eucalyptus (*Eucalyptus* spp.) 유칼립투스

전 세계에 700종 이상의 유칼립투스가 있지만, 네 종을 제외한 나머지는 모두 오스트레일리아 원산이다. 자생하는 오스트레일리아 숲 대부분은 유칼립투스가 우점한다. 유칼립투스는 사람들이 사랑하는 코알라*Phascolarctos cinereus*의 주요 먹이이기도 하다. 오스트레일리아 태즈메이니아에서 자라는 유칼립투스 레그난스 *Eucalyptus regnans*[17]는 지구상에서 가장 키가 큰 나무 가운데 하나다. 이 거인들이 벌목과 기후변화, 산불 때문에 사라지고 있다.

어느 옛 노래의 첫 소절인 "쿠카부라가 늙은 검나무에 앉아 있

17) 영어식 일반명은 산물푸레나무(Mountain Ash)이지만 물푸레나무와는 상관이 없다.

꽃병 모양의 씨앗이
들어 있는 유칼립투스
열매는 '검너트'라고 불린다.

네"는 유칼립투스에 걸터앉은 웃음물총새*Dacelo novaeguineae*를 말하는 것이다. 자생 지역에서 유칼립투스는 '검나무'gum tree라고 불리며 씨앗이 들어 있는 꽃병 모양의 단단한 열매는 '검너트'gumnut라고 한다. 어떤 유칼립투스는 곤충에게 해를 입으면 핏빛의 수액이 흘러 나오는데 시간이 지나면 커다란 방울이 되고 마르면서 단단해진다. 이 건조된 수액을 '검드롭'gumdrop이라고 부른다. 유칼립투스의 검드롭은 먹을 수 없지만, 인기 있는 사탕 검드롭[18]에 영감을 주었다.

18) 설탕을 입힌 쫄깃한 젤리 사탕—옮긴이.

유칼립투스는 전 세계 조림지에 펄프 재료나 장식용으로 심어졌다. 유칼립투스의 해외 진출은 대단히 성공적이라 캘리포니아주에서 자라는 비자생 유칼립투스만 250종에 이른다. 캘리포니아주는 1900년대 초부터 이 나무의 식재를 장려했지만 지금은 제거하는 데 더 많은 시간과 돈을 들이고 있다.

유칼립투스의 신선한 향은 치약에서 기침약까지 어디에나 쓰이기 때문에 사람들에게 익숙하다. 이 나무는 많은 이에게 사랑받지만 그만큼 싫어하는 사람도 많다. 유칼립투스는 가연성이 대단히 높고 잎에는 분해를 늦추는 기름 성분이 들어 있어서 불이 쉽게 붙는 낙엽이 잔뜩 쌓인다. 그래서 주택가에 자라는 유칼립투스는 위험한 화재 요인이다. 게다가 이 나무는 토양에서 대량의 물을 끌어와 지하수의 수위를 낮추기 때문에 화재 위험이 더 커진다.

유칼립투스는 저마다 수피의 패턴이 다른데 그중에서도 무지개유카리*Eucalyptus deglupta*가 아름답기로 유명하다. 이 나무는 빠르게 생장하면서 수피가 떨어져 나가 주황색, 고동색, 파란색, 초록색, 황갈색, 보라색의 얼룩무늬가 드러난다. 이 나무는 오스트레일리아에서 자라지 않는 네 종 중 하나이며, 흥미롭게도 열대림[19)]에 서식하는 유일한 유칼립투스다.

더 찾아보기: 검나무

19) 주로 필리핀과 인도네시아.

F

숲을 걸으면 혈압과 혈당이 낮아지고
스트레스 호르몬인 코르티솔의 분비도 줄어들며
면역력이 높아진다고 알려졌다.

Fig (*Ficus* spp.) 무화과나무

무화과나무속은 850종이 넘는 다양한 형태의 종으로 구성된 식물 속이다. 어떤 종은 덩굴식물이고, 어떤 종은 무화과처럼 달콤한 열매를 맺고, 또 어떤 종은 공기뿌리를 내어 위쪽의 가지에서부터 뿌리가 내려와 땅에 자리를 잡는다. 이 마지막 부류를 '교살자 무화과나무'strangler fig라고도 부르는데, 종자가 다른 나무의 가지에서 싹을 틔워 땅에 뿌리를 내리고 마침내 원래의 나무를 완전히 옥죄어 죽이기 때문이다. 반얀나무*Ficus benghalensis*는 끝도 없이 이런 식으로 뿌리를 내려 세상에서 가장 폭이 넓은 나무가 된다.

인도에서 이 커다란 나무는 신성한 존재로 받들어진다. 세계에서 가장 큰 반얀나무가 인도 동남부에 있는데 이름이 '심맘마 마리마누'Thimmamma Marrimanu다. 현지인들은 아이가 없는 부부가 이 나무를 잘 모시면 다음 해에 아이가 생긴다고 믿었다. 심맘마 마리마누는 하나의 예일 뿐, 아시아 전역에서 반얀나무가 숭배되고 신화에도 등장한다. 반얀나무는 열대 수종이라 북아메리카 사람들에게는 친숙하지 않지만 하와이 마우이섬의 라하이나에는 반얀나무 한 그루가 공원 전체를 차지하는 관광 명소가 있다. 1873년에 마을의 보안관이 심은 이 나무는 미국에서 가장 큰 반얀나무이며 하와이에 가면 한번 찾아가볼 만하다.

붓다가 깨달음을 얻은 무화과나무속 식물은 인도보리수로 수령이 길고, 심장 모양의 큰 잎은 끝이 길고 뾰족하게 빠졌다. 이 나무는 공기뿌리가 다른 나무의 겉을 감싸지 않는다는 점만 빼면 교살자 무화과나무와 비슷하다. 대신 이 나무는 기주 나무의 작은 틈을 찾아 뚫고 내려간 다음 차지한다.

벤자민고무나무*Ficus benjamina*는 사람들이 집에서 가장 흔하게 기르는 식물이지만 자생지에서는 높이가 30미터까지 자라는 걸 아는 사람은 별로 없다. 수시로 분갈이를 해줘야 하는 데는 다 이유가 있었다.

더 찾아보기: 보리수

Fitzroya 피츠로야

아르헨티나와 칠레에서만 자생하는 나무. 측백나무과에 속하는 놀라운 식물 중 하나다. 피츠로야는 남아메리카에서 가장 오래 사는 나무인데, 특히 '그랜드마더'라는 이름의 한 개체는 수령이 무려 3,600세에 이른다. 현재 이 나무보다 고령의 어르신은 캘리포니아주의 강털소나무밖에 없다. 피츠로야는 오래 살 뿐만 아니라 몸집 또한 어마어마해서 남아메리카 대륙에서 가장 큰 나무이기도 하다. 안데스산맥의 피츠로야 숲은 세계에서 두 번째로 생물량이 많다.

모든 동식물의 공식 명칭이 그렇듯이 나무의 학명도 두 부분으로 구성된다. 모두 1700년대 칼 린네Carl Linné의 놀라운 업적 덕분이다. 이름의 앞부분은 속명이고, 뒷부분은 종소명이다. 속명을 공유하는 종은 대개 여럿이다. 예를 들어 단풍나무속*Acer*에는 참꽃단풍*Acer rubrum*을 포함해 160여 개의 종이 있다. 그러나 피츠로야속*Fitzroya*에 해당하는 종은 파타고니안사이프러스*Fitzroya cupressoides* 하나밖에 없다. 그 말은 피츠로야라는 속명으로 이 종을 지칭해도 혼돈이 없다는 뜻이다. 학명과 별도로 사람들이 이 나무를 흔히 부르는 일반명은 '알레르세'alerce인데 스페인어로 잎갈나무류*Larix* spp.를 뜻한다.

피츠로야는 작은 바늘잎과 솔방울이 달리는 상록수이며 거친 수피는 좁고 길게 벗겨진다. 1만 3,000년 동안 사람들은 이 나무의 목재로 많은 것을 만들어왔다. 지난 400년 동안 벌목과 개간, 의도적인 산불 등으로 피츠로야의 서식 범위가 많이 축소됐다. 결과적으로 이 나무들 중에서 가장 큰 개체들은 이미 사라진 지 오래다. 현재는 살아 있는 피츠로야 나무를 훼손하는 것은 불법이다. 칠레도 안데스 알레르세 국립공원을 지정해 이 나무를 보호하고 있다.

Forest Bathing 산림욕

건강을 위해 숲에 찾아가는 행위. 미국에는 '숲에서 하는 목욕'이라는 뜻의 일본어 '신린요쿠'라고도 알려졌는데, 정작 일본에서는 '포레스트 테라피'라는 영어식 용어가 유행한다. 어떤 말로 부르든 일본은 숲에서 보내는 시간이 건강에 주는 이점에 관한 연구를 주도해왔고 오직 치료 효과를 위해 전국 100여 개 숲으로 이루어진 네트워크를 조성했다.

숲을 걸으면 혈압과 혈당이 낮아지고 스트레스 호르몬인 코르티솔의 분비도 줄어들며 면역력이 높아진다고 알려졌다. 산림욕은 기분이나 뇌화학에도 긍정적인 영향을 미친다. 일본에서는 1980년대부터 숲과 건강의 관계를 연구했지만, 서양에서 산림욕이 대중화된 것은 내가 『나무를 가르치다』*Teaching the Trees*에서 산림욕에 대해 논의한 2005년 이후다. 현재는 '산림 치료'에 관한 온라인 수업을 듣고 자격증도 딸 수 있다.

G

어느 완벽한 가을날 스위트검 밑에 앉아 있으면
초록, 노랑, 주황, 빨강, 보라, 그리고
진한 고동색의 향연을 보게 될 것이다.

Ginkgo 은행나무

은행나무의 부채 모양 잎은 다른 나무로 착각하려야 할 수가 없다. 어떤 잎은 초록색 부채 바깥 테두리 중앙에서 가볍게 움푹 들어가지만 그렇다고 2개의 잎이라는 뜻의 '*Ginkgo biloba*'라는 학명이 붙을 정도는 아니다.

은행잎을 알아보는 사람은 많지만 이 나무의 꽃가루가 특별하다는 걸 아는 사람은 별로 없다. 은행나무의 꽃가루는 바람에 의해 수나무에서 암나무로 옮겨진다. 암나무의 작은 생식기관 근처에 내려앉은 꽃가루 알갱이에서는 꽃가루관이 자라고 그 안에서 섬모가 달린 2개의 정충이 형성된다. 정충은 꽃가루관을 뚫고 나가 암술의 밑씨까지 물속을 '헤엄쳐' 가서 수정시킨다. 이 과정은 얼핏 동물의 수정과 비슷해 보이지만 조류, 이끼, 우산이끼처럼 최초로 유성생식을 시도한 식물이 사용한 원시적인 방법zoidogamy이기도 하다.

사실 은행나무는 가장 초기에 진화한 나무로 훨씬 나중에 진화한 현화식물(속씨식물)에 비하면 아주 원시적이다. 2,000만 년 전에 은행나무는 지구를 뒤덮었고 공룡에게 한낮의 태양을 피할 그늘을 주었다. 그러나 시간이 지나면서 지구에서 공룡과 은행나무는 사라졌고, 공룡은 새로 진화한 포유류로, 은행나무는 새로 진화한 현화식물로 대체되었다. 은행나무는 계속해서 자취를 감춰 자생하는 은행나무는 현재 중국 일부 지역에서만 나타난다. 이 군

은행나무의 부채꼴 잎은
침엽수도 활엽수도 아닌 원시적인
식물의 모습을 간직하고 있다.

락조차 유전 다양성이 낮다는 이유로 그 야생성에 의문을 품고 과거 불교 승려들이 심었다고 추측하는 과학자들이 있었으나, 좀 더 최근 연구에서 야생적 특징이 확인되었다. 은행나무가 자생하는 지역의 소수민족인 거라오Gelao족은 전통적으로 은행나무를 심거나 벌목하면 생식 능력과 부를 잃을 것이라고 믿어 이를 금기시하고 있다.

공룡 시대부터 현재까지 살아 있는 거북처럼 은행나무도 모든 게 느리다. 번식을 시작하는 나이도, 진화도, 멸종도, 심지어 죽는 것도 느리다. 수천 년을 살아온 은행나무가 있다는 기록도 있다.

은행잎에 약효가 있다는 주장이 많다. 은행잎을 찔 때 나오는

증기는 콧속을 청소한다고 하고, 은행잎에 노화를 방지하고 기억력을 증진시키는 성분이 있다고도 한다. 아시아 국가에서는 은행나무 열매인 은행을 먹는다. 암나무에서 떨어진 열매는 불쾌한 냄새가 나기 때문에 수나무를 가로수로 선호하지만, 나무가 번식기에 들어서려면 20년쯤 걸리고 그전에는 암나무와 수나무를 구분하기가 어렵기 때문에 이미 나무가 확실히 뿌리를 내린 후에야 암나무인 것을 알게 된다. 뒤늦게 뒤통수를 맞는 일이 없도록 수나무만 자라는 재배종이 개발되었다.

더 찾아보기: 재배종

Guanacaste (*Enterolobium cyclocarpum*) 과나카스테

멕시코 중부 이남의 아메리카 열대 지역에서 자생하는 나무. 코스타리카를 상징하는 나무이기도 하다. 과나카스테의 가장 큰 특징은 꼬투리 열매다. 열매가 비정상적으로 구부러져서 '코끼리귀나무'라고 불린다. 과나카스테의 라틴 학명 '*Enterolobium cyclocarpum*' 역시 꼬투리 모양을 반영한다. 'cyclo'의 어원은 '원형' 또는 '바퀴'이고, 'carpum'은 열매의 한 부위인 심피[20]를 의미한다. 이 나무의 경우, 심피가 독특한 원형을 그리며 배열되면서 꼬투리가 귀

20) 암술을 구성하는 잎으로, 콩과 식물의 꼬투리가 발달하는 부위—옮긴이.

과나카스테 열매는 비정상적으로 구부러져서
'코끼리귀나무'라고 불린다.

모양이 되었다.

과나카스테는 콩과Fabaceae 식물이다. 실제로도 덜 익은 초록색 꼬투리 속 씨앗은 먹을 수 있다. 하지만 열매가 다 여물어 갈색이 되면 그때는 씨앗이 먹을 수 없을 정도로 딱딱해져서 보통 장신구를 만드는 구슬로 쓰인다. 키보다 폭이 더 넓은 우산 모양의 수형은 이 나무가 자라는 더운 기후 지역에서는 사람들에게 그늘을 즐기라는 반가운 손짓처럼 보인다. 잎은 수백 개의 소엽으로 구성된 2회 깃꼴 겹잎으로 복잡하게 생겼지만 부드럽고 깃털 같은 나뭇잎 사이로 빛이 얼룩져 들어온다. '그늘 재배 커피'shade grown coffee는 보통 이 과나카스테 나무 그늘에서 자란 것을 말한다.

Gum Tree 검나무

전 세계에서 여러 수종에 흔하게 붙여진 별칭. 검나무라고 불리는 나무들은 서로 근연관계가 아니며 그저 일반명만 공유한다. 오스트레일리아에서는 현지인들이 유칼립투스를 검나무라고 부르는데, 수피에 상처를 내면 키노kino라는 붉은 수액이 배어 나오기 때문이다.

오스트레일리아 토착민들은 키노로 감기를 치료했다. 미국 남동부에서는 스위트검sweet gum으로 불리는 미국풍나무*Liquidambar styraciflua*와 블랙검blackgum, *Nyssa sylvatica*이 아주 흔하다. 스위트검 수피에 칼집을 내면 향긋한 나뭇진이 나오는데 시대와 장소에 상관없이 향료로 귀하게 쓰였다. 블랙검에서는 나뭇진이 나오지 않는데 왜 이런 이름이 붙었는지 알 수 없다. 식물학자 도널드 컬로스 피티는 이렇게 말했다.

"아메리카 대륙 어디에도 이 건조하고 비협조적인 식물에서 단 1온스의 고무진이라도 나왔다는 기록은 없다".

그러나 블랙검에는 다른 쓸모가 있다. 나이 든 블랙검은 종종 속이 비는데 남부 시골에서는 이 구멍 난 몸통의 일부를 자르고 나무판자를 지붕으로 덮은 다음 벌집으로 사용한다. 블랙검이 개화하는 초봄에는 보트에 이 투박한 벌집을 싣고 늪으로 간다. 이

스위트검 수피에서는 향긋한 나뭇진이 나온다.
다섯 갈래 잎은 가을이면 노랗게 물든다.

때 벌집 속 벌들이 날아다니며 꽃꿀을 수집하는데 그렇게 만들어진 투펠로[21] 꿀은 세계에서 가장 맛있는 꿀로 손꼽히며, 밴 모리슨Van Morrison의 달콤한 노래 제목이기도 하다.

일부 지역에서는 스위트검과 블랙검의 시장 가치가 낮기 때문에 산림학자들은 '바람직하지 않은 종'으로 여긴다. 공원 등지에

21) 일부에서는 블랙검을 투펠로(tupelo)라고 부른다.

서도 스위트검 때문에 골치를 앓는데, 이 나무에서 떨어지는 목질의 가시 달린 공 모양 열매 때문이다. 바닥에 떨어진 수많은 '검볼'gum ball은 개와 산책하거나 달리기를 하거나 유모차를 밀고 다니는 사람들에게 걸리적거린다. 민원이 잦다 보니 수목관리사가 이 나무에 '스니퍼'[22]라는 화학물질을 처리하기도 한다. 초봄에 나무에 스니퍼를 주입하면 꽃이 수정되기 전에 죽는다. 수정된 꽃이 없으니 가시 돋친 공이 있을 리도 없다.

블랙검과 스위트검 둘 다 가을철 색감이 남다르다. 블랙검은 가을에 가장 먼저 단풍이 드는 나무다. 등산객들이 반소매를 입고 그늘진 숲길을 다닐 때 블랙검이 일찌감치 윤기 있는 초록색에서 진홍색으로 물들며 겨울을 알린다. 블랙검의 잎은 노랗게 변하지는 않는다. 그건 스위트검을 비롯한 다른 나무의 색깔이다. 가을 단풍의 이견 없는 최강자는 설탕단풍이지만 스위트검은 그다음으로 특별히 아름다운 가을 색을 선사한다. 어느 완벽한 가을날 스위트검 밑에 앉아 있으면 초록, 노랑, 주황, 빨강, 보라, 그리고 진한 고동색의 향연을 보게 될 것이다. 심지어 잎 하나에도 여러 색이 뒤섞여 있어서 마음에 드는 잎을 하나만 고르기가 힘들다. 이런 날이라면 스위트검의 뾰족한 공 열매도 너그럽게 봐줄 만하다.

더 찾아보기: 유칼립투스

22) snipper: 인돌-3-부티르산으로 만든 식물 성장 조절제—옮긴이.

H

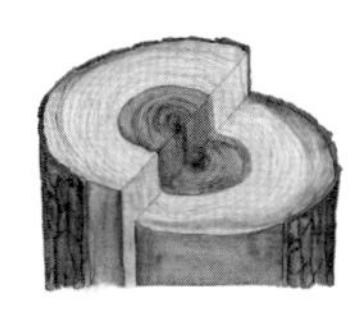

바깥쪽 나이테와 다르게 안쪽의 나이테는
나무가 더 어렸을 때 만들어졌으며
그 부위의 세포는 더 이상 재료를 운반하지 않는다.

Heartwood 심재

나무줄기의 중심부에서 발견되는 짙은 색의 목재. 좀더 최근에 생산되어 물과 양분이 이동하는 바깥쪽 나이테와 다르게 안쪽의 나이테는 나무가 더 어렸을 때 만들어졌으며 그 부위의 세포는 더 이상 재료를 운반하지 않는다.

심재의 세포는 저장 공간이나 지지 목적으로 사용될 뿐 그 안에서 운송이나 생산이 활발히 일어나지 않지만, 어린 변재 세포는 나뭇진이나 타닌 같은 화합물을 합성하고 심지어 그 생산물을 안쪽의 심재에 옮겨둔다. 그 결과 심재는 변재보다 색깔이 어두울 뿐 아니라 가공했을 때 잘 썩지 않는다. 고급 훈제 요리용 땔감을 조달하는 닥터 스모크에 따르면 심재는 그릴이나 훈연에 가장 이상적인 부위다.

심재의 영어 명칭인 '하트우드'Heartwood는 미국 동부와 중서부 지역의 산림 보호 단체 네트워크 이름이기도 하다.

더 찾아보기: 변재

Hill, Julia 'Butterfly' 줄리아 '버터플라이' 힐

줄리아 힐1974~은 나무가 목재로 잘려 나가는 것을 막기 위해 세쿼이아 위에서 2년 동안 살았던 젊은 여성이다. 1,500년 된 그 나무는 퍼시픽 럼버라는 캘리포니아주 목재 회사의 소유지에 있었는데, 다른 오래된 세쿼이아와 마찬가지로 곧 잘려 나갈 운명이었다. 힐은 원래 아칸소주에 살았지만, 교통사고를 겪고 1년에 걸쳐 회복한 후 캘리포니아를 여행하게 되었다.

"그리즐리 크리크의 세쿼이아 숲에 처음 들어섰을 때 나는 그만 숲의 정령에 사로잡혀 무릎을 꿇고 울기 시작했다."

힐은 이어 말했다.

"지식과 영성, 몸에 전율을 일으키는 그 어떤 형언할 수 없는 힘이 느껴졌다. 기억을 되살릴 때마다 소름이 돋는 힘이었다."

당시 20대 초반이었던 힐은 그 숲을 보호하기로 나섰다. 나무 위를 점거하는 시위는 원래 어스 퍼스트! 소속 환경운동가들이 시작했다. 힐은 '루나'Luna라는 이름의 나무에 자원하여 5일을 머물렀다. 그 나무에는 이미 55미터 높이에 받침대가 설치되어 있었다. 두 번째로 올라갔을 때는 2주를 지냈고, 세 번째에는 나무의 안전이 보장될 때까지 머물겠다고 서약했다. 지상의 팀원들이 나무 위로 식량과 필수품을 올려보내며 헌신적으로 지원했다. 나무 위에서 사는 동안 힐은 태양광으로 충전하는 휴대전화로 여러 매체와 인터뷰했다. 또한 언론인들을 나무로 초대해 함께 밤을 보내기도 했다.

힐은 마침내 퍼시픽 럼버에게서 루나와 그 주변 60미터의 완충 지대를 보존하겠다는 약속을 받고서야 나무에서 내려왔다. 긴 시간 끝에 처음으로 땅에 발을 디디는 순간 그녀는 눈물을 흘렸다.

나무에서 내려온 후에도 힐은 전 세계를 다니며 강연을 통해 사람들에게 지구를 위해 목소리를 높이도록 격려했다. 힐은 기독교 부흥 운동 목사인 아버지를 따라 어려서부터 가족과 함께 많은 여행을 다녔다. 그 덕분에, 단상에 오른 '버터플라이'는 분명 누구보다 설교하는 법을 잘 알았다. 단, 힐은 어디까지나 숲을 위해서만 설교했다.

J

향나무는 비늘이 부풀고 융합된
청색을 띠고 알싸한 맛을 내는
왁스질 껍질로 단단한 씨를 감싼다.

Juniper (*Juniperus* spp.) 향나무

진의 향을 내는 재료로 잘 알려진 상록성 관목과 교목. '진'gin이라는 단어는 원래 네덜란드어로 노간주나무*Juniperus rigida*를 뜻하는 예네베르jenever의 약자다. 진에 사용되는 소위 노간주나무 열매는 엄밀히 말하면 열매가 아니라 육질의 솔방울이다. 향나무는 침엽수이지만 소나무처럼 목질의 비늘로 된 솔방울을 맺지 않는다. 대신 비늘이 부풀고 융합된 청색을 띠고 알싸한 맛을 내는 왁스질 껍질로 단단한 씨를 감싼다.

향나무속은 측백나무과 식물로 50종 이상이 있다. 미국의 첫 산림청장인 기퍼드 핀쇼Gifford Pinchot의 이름을 따서 '핀쇼의 향나

미국 서부에 위치한 피뇬-주니퍼 산림 지대에서는
두송을 비롯해 네 종의 향나무속 식물이 발견된다.

무'*Juniperus pinchotii*라고 명명된 종도 있다. 어떤 향나무속 식물은 아주 오래 산다. 웨스트버지니아주의 어느 연필향나무는 수령이 940년으로 기록되었다.[23] 캘리포니아주의 시에라향나무*Juniperus grandis*는 최고령인 세쿼이아와 비슷하게 수령이 2,000년 이상이다. 두송*Juniperus communis*은 키가 큰 관목으로 북반구 전역에 퍼져 있으며 전 세계 목본식물 중에서 지리학적으로 가장 넓게 분포한다. 피뇬-주니퍼 산림 지대로 알려진 식물군계는 애리조나·콜로라도·네바다·뉴멕시코·유타·캘리포니아·오리건주의 건조 지대 상당 부분을 차지한다. 이 대규모 식물 군집에서 두송을 비롯해 네 종의 향나무속 식물이 발견된다.

향나무속은 원래 변이가 큰 분류군이다. 식물학자는 이런 자연적인 변이를 아종 또는 변종으로 분류했다. 한편 원예학자들은 이런 자발적인 변이를 독려하여 많은 재배종을 개발했다. 향나무속 재배종은 바닥을 기는 상록수, 꽃병 모양으로 퍼지는 덤불, 그리고 교목까지 수형이 다양하며 상상할 수 있는 모든 형태로 나타난다. 어떤 나무는 황금색 잎으로 개량되었고, 잎이 파란색에 가까운 식물도 있다. 양지바른 지역의 조경 계획 어딘가에는 향나무속 식물이 꼭 들어 있다.

23) 미국 동부에서 이보다 오래 사는 나무는 낙우송과 서양측백나무(*Thuja occidentalis*) 밖에 없다.

향나무속 식물의 일부는 암수딴그루다. 그 말은 수컷의 생식기관(꽃가루를 만드는 솔방울)과 암컷의 생식기관(밑씨가 들어 있는 솔방울로 나중에 열매가 된다)이 서로 다른 개체에 있다는 뜻이다. 수나무에서 나오는 꽃가루는 아주 작고 가벼우며 바람을 타고 수킬로미터를 날아가 사람의 눈이나 비강에 들어가기 쉽다. 향나무 꽃가루는 강한 알레르기 유발 물질로, 다른 꽃가루에는 크게 민감하지 않은 사람도 반응할 수 있다. 특히 텍사스 일부 지역에서는 마운틴시다*Juniperus ashei*가 '시다 열병'cedar fever이라는 알레르기 반응을 일으켜서 문제가 된다. 따라서 보통 재배종으로는 암나무만 번식된다.

더 찾아보기: 재배종, 기퍼드 핀쇼

K

이 숲의 나무들은 수백 년에 걸쳐,
킬머가 죽은 전쟁 전부터,
아니, 미국 독립전쟁 전부터 이 숲에 서 있었다.

Kilmer, Joyce 조이스 킬머

킬머1886~1918는 「나무」라는 짧은 제목의 시로 유명한 뉴저지 주 출신 작가다. 수세대 전부터 미국의 초등학생이라면 한 번쯤 이 시를 암송해야 했다. 그리고 많은 아이가 조이스라는 이름 때문에 시인이 여성이라고 착각했다. 그의 정식 이름은 알프레드 조이스 킬머Alfred Joyce Kilmer이지만, 자신을 알프레드라고 소개한 적은 없고 늘 조이스라는 중간 이름을 사용했다. 미국의 어느 모임을 가든 누군가가 「나무」의 첫 줄인 "나는 결코 볼 수 없으리"라고 운을 띄우면 "나무처럼 사랑스러운 시를"이라고 화답하는 사람이 한 명쯤은 꼭 있다.

제1차 세계대전 중에 킬머는 미국 주방위군에 입대했는데 그의 부대는 프랑스로 파병되었다. 공식적으로 킬머는 전선에서 독일 저격수에게 사살되었다고 알려졌지만 우울증에 걸린 그가 스스로 총알받이가 되었다는 이야기도 전해진다. 그는 고작 31세에 아내와 다섯 명의 아이를 남기고 세상을 떠났다.

전국에 킬머를 기리는 기념비가 많이 세워졌는데 그중 하나가 노스캐롤라이나주의 조이스 킬머 기념 숲이다. 이 지역은 해외참전용사회의 요청으로 보존되어 킬머의 이름을 달았다. 면적 15제곱킬로미터의 이 야생 국유림은 미국 동부에 남아 있는 노숙림 중에서 가장 면적이 넓어 서부의 뮤어 우즈에 견줄 만하다. 높이 6미터 이상 솟아오른 인상적인 백합나무 아래로 매년 3만 5,000명이

다녀간다. 이 숲의 나무들은 수백 년에 걸쳐, 킬머가 죽은 전쟁 전부터, 아니, 미국 독립전쟁 전부터 이 숲에 서 있었다.

더 찾아보기: 뮤어 우즈, 노숙림, 백합나무

L

"나는 나무를 대신해서 말하고 있어.
왜냐고?
나무한테는 혀가 없으니까."

Leaf Scar 엽흔

잎이 떨어진 후 잔가지에 남은 흔적. 엽흔은 다른 종끼리는 구분되지만 같은 종끼리는 일정하기 때문에 나무를 동정同定하는 기준이 될 수 있다. 예를 들어 흑호두나무*Juglans nigra*의 엽흔은 만화 속 원숭이의 웃는 얼굴처럼 생겼다! 이 얼굴의 '눈'과 '입'은 가지에서 잎까지 연결된 잎맥의 흔적으로, 이 관을 통해 땅속의 물은 잎으로, 잎에서 합성된 당분은 뿌리로 운반된다. 잎이 떨어진 자리에 도드라지게 튀어나온 돌기를 관속흔이라고 하는데 관속흔은 주변보다 색이 진하다.

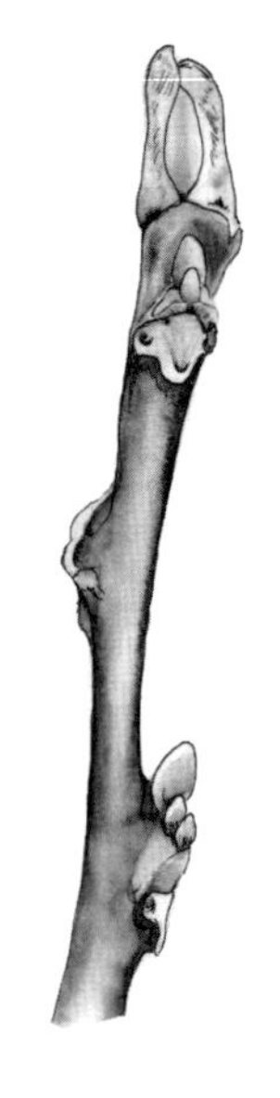

호두나무 가지의 엽흔은 만화 속 원숭이의 웃는 얼굴처럼 보인다.

물푸레나무의 엽흔은 짙은 관속흔이 줄지어 배열되어 두 연한 입술 사이에 곡선을 그리면서 세상에서 가장 큰 미소를 짓는다. 엽흔에 남은 관속흔의 수는 종종 종 식별에 필요한 분류학적 열쇠로 사용된다. 예를 들어 가시칠엽수*Aesculus hippocastanum*의 커다란 잎이 남긴 자국에는 언제나 7개의 관속흔이, 참꽃단풍의 엽흔에는 항상 3개의 관속흔이 보인다. 가을이 되면서 낮이 짧아지면 나무는 잎과 가지 사이의 얇은 세포층에 호르몬으로 메시지를 보낸다. 그 세포들은 서서히 산 것에서 죽은 것으로 변화하고 마침내 잎은 나무에서 떨어져 존재의 흔적만 남긴다.

Leverett, Robert T. 로버트 T. 레버렛

친구들 사이에서는 밥Bob이라는 애칭으로 통하는 로버트 T. 레버렛1941~은 나무 측정 기법, 특히 챔피언 나무를 결정하는 기술에서 혁명을 주도한 인물로 유명하다. 거목 애호가이자 숙련된 기술자인 레버렛은 과거에 수고를 측정할 때 통용된 방법보다 더 나은 방식을 생각해냈다. 이후 레이저 거리측정기가 보편화되면서 레버렛은 몇몇 이들과 함께 나무의 높이를 측정하는 '사인법'sine method을 개발했다.

이 새로운 방식에서는 레이저 거리측정기로 측정 지점의 눈높이에서 나무 꼭대기까지의 거리를 재고, 경사계나 거리측정기에 내장된 기울기 센서로 눈에서 나무 꼭대기까지의 각도를 결정한다. 잠시 중학교 수학 시간에 배운 삼각비를 떠올려보자. 직각삼각형의 빗변에 해당하는 길이와 삼각형의 각도를 알면 사인값을 계산하여 높이를 구할 수 있다.

이 원리를 적용해 먼저 거리측정기로 (직각삼각형의 빗변에 해당하는) 측정 지점에서 나무 꼭대기까지의 거리를 재고 각도를 알아낸 다음 사인값을 빗변의 길이와 곱하면 눈높이에서 나무 꼭대기까지의 높이가 나온다. 이제 이 값을 나무 밑바닥에서 눈높이까지의 길이와 더하면 나무 전체의 키를 얻게 된다. 레버렛은 전문가는 물론이고 아마추어 거목 애호가들에게도 이 새로운 방법을 가르쳤다. 2014년에 사인법은 비영리 환경 보전 단체인 미국 숲 협회에서 수고 측정 방식으로 채택되었다. 현재 레버렛은 이 측정 기술을 적용해 청소년기에서 노년기까지 살아 있는 나무의 탄소 격리 비율을 연구한다.

그의 공학적 배경에서 탄생한 측정 기술의 혁명은 어디까지나 레버렛과 노숙림의 오랜 관계를 토대로 한 결과물에 불과하다. 레버렛이 말한 것처럼 "노숙림이 문서화되었기 때문에 나무 측정 유전자가 활성화될 수 있었다." 1990년대 초반에 레버렛은 『와일드 어스』*Wild Earth*라는 학술지에 여러 편의 논문을 썼고, 매사추세츠주의 노숙림 대부분을 공동으로 발견했다. 1990년대 그리고 2000년대 초반까지는 노숙림 학회를 기획하고 메리 버드 데이비스가 편집한 『동부 노숙림: 재발견과 회복 전망』에서 핵심 역할을 맡았다. 1996년에 그가 인터넷을 기반으로 동부자생수목협회를 공동 창립할 때 이 노숙림 운동의 주축 멤버들은 매사추세츠주에 있는 그의 집 식탁에 둘러앉아 잭 다니엘스 위스키를 마셨다.

이 조직은 이후 세계적인 수준으로 규모가 확장되면서 자생수목협회Native Tree Society로 개명했다. 2004년에는 고(故) 브루스 커슈너Bruce Kershner와 함께 『미국 동북부 원시림 시에라 클럽 가이드』*Sierra Club Guide to Ancient Forests of the Northeast*를 공동 집필했는데, 현재 이 책은 인기 있는 소장품이 되었다. 오랜 세월 동안 레버렛은 미국의 노거수를 기록하고 보존하는 일뿐만 아니라 자연의 아름다움을 공유하기 위해 한결같이 헌신했다. 그는 숲을 위해 일하는 모든 사람의 든든한 후원자가 되고 있다. 고마워요, 밥.

더 찾아보기: 챔피언, 메리 버드 데이비스, 엔트

Lorax 로렉스

아동 그림책 작가인 테오도르 가이젤Theodor Geisel, 필명 닥터 수스Dr. Seuss가 창조한 가상의 생명체. 로렉스는 1971년에 출판된 동명의 책에 주인공으로 등장한다.[24] 로렉스는 책에서 "키가 작달막하고 나이도 먹을 만큼 먹었고 피부가 갈색이며 몸에서 이끼가 자란다"라고 묘사되지만, 항상 두 발로 서 있고 몸이 주황색 털로 완벽하게 덮여 있고 노랗고 커다란 콧수염이 자라는 동물로 그려진다. 로렉스는 용감하게 '트러풀라 나무'의 보존을 외친다.

"나는 나무를 대신해서 말하고 있어. 왜냐고? 나무한테는 혀가 없으니까."

이야기 속 로렉스는 끝내 나무들을 구하지 못한다. 욕심 많은

24) 2012년에는 로렉스를 주인공으로 한 영화가 개봉되기도 했다—옮긴이.

원슬러Once-ler가 일종의 목도리인 스니드thneed를 생산하기 위해 숲을 모두 베어내고 그곳에 살았던 모든 동물의 서식지를 파괴하고 만다.

Lowman, Margaret 마거릿 로우먼

사람들은 로우먼1953~을 '캐노피 메그'Canopy Meg[25]라고 부른다. 로우먼은 임관에 존재하는 경이로움과 생물 간의 상호작용을 누구보다 잘 아는 과학자다. 숲의 지붕인 임관은 접근이 어렵기 때문에 제대로 연구되지 못했다. 로우먼은 연구 생활 초창기부터 밧줄을 타고 나무 꼭대기인 우듬지에 올라갔다. 저서 『우듬지의 생명』*Life in the Treetops*은 로우먼 자신의 초기 연구 과정을 연대순으로 기록한 책이다.

매사추세츠주 윌리엄스대학교에서 교직 생활을 시작하면서 로우먼은 대학원생들이 임관을 연구하기가 얼마나 어려운지 깨달았고, 그래서 1992년에 미국 최초로 연구용 임관 구름다리를 고안했다. 임관 접근 기술의 오랜 개척자로서 로우먼은 바구니 대신에 썰매를 이용한 열기구 접근, 크레인 접근, 전동 등강기를 이용한 밧줄 접근 등의 방식도 계획했다.

로우먼은 미국 최초의 공공 임관 구름다리도 제작했다. 미국 플

25) 캐노피는 숲의 상층부인 임관을 말한다—옮긴이.

로리다주 미야카강 주립공원에 설치된 높이 7.6미터, 길이 30미터짜리 현수교가 그것이다. 이밖에도 로우먼은 지역 사회가 임관 구름다리를 적극적으로 활용하여 생태 관광 활성화를 도모하도록 독려했다.

로우먼의 연구는 미국으로 제한되지 않는다. 에티오피아에 남아 있는 마지막 숲의 일부는 정교회 교회들을 둘러싸고 있다. 숲이 우거진 교회 묘지는 교회의 역사적인 장소이며 특별한 의례에 사용된다. 로우먼은 사제들과 협업하여 이 숲을 에워싸는 보전 울타리를 설치하기 위한 기금 마련에 앞장섰다. 울타리가 세워지면 소나 염소가 나무와 어린나무를 먹지 못하게 막을 것이다. 또한 로우먼은 교회의 어린 신도들을 가르쳐 이 숲의 곤충 생물 다양성을 감시하게 한다.

로우먼이 진행 중인 많은 프로젝트는 로우먼 자신이 2004년에 설립에 기여한 '나무 연구, 탐사 및 교육 재단'Tree Research, Exploration & Education Foundation에서 자금을 지원받는다. 현재 로우먼은 플로리다주 새러소타에 위치한 이 재단의 대표다.

M

"나무가 피워낸 꽃은
숲속 초록 물 위에 떠 있는
수련처럼 은은하게 빛난다."

Maathai, Wangari 왕가리 마타이

마타이1940~2011는 동아프리카 여성 최초로 박사 학위를 받았고 케냐에서 시작한 그린벨트 운동으로 노벨평화상까지 수상했다. 벌목된 지역에 다시 나무를 심고 공유지의 숲을 보호하는 그린벨트 운동뿐만 아니라 민주주의와 여성의 권리를 위해서도 앞장섰다. 마타이는 기금을 모아 마을 여성들을 고용하여 거주지 가까이에 나무를 심고 가꾸게 했다.

마타이는 미국에서 몇 년간 대학 교육을 받았는데, 케냐 공화국 건국의 아버지인 토마스 음보야Thomas Mboya가 미국 존 F. 케네디와 합작한 '케네디 공수'Kenney Airlift 덕분에 가능했다. 케네디 공수는 수백 명의 아프리카 청년을 미국으로 보내 교육하는 장학 프로그램으로 전 미국 대통령 버락 오바마의 부친인 버락 후세인 오바마도 이 프로그램의 수혜자였다. 두 사람 모두 쉰 살을 넘기지 못하고 케네디가 1963년에, 음보야가 1969년에 암살되면서 이 프로그램도 몇 년 만에 폐지되었지만, 그 결과는 수십 년 동안 반향을 불러왔고 전 세계 민주주의에 영향을 미쳤다.

마타이는 71세에 난소암으로 세상을 떠났다. 버락 오바마 전 미국 대통령은 마타이에게 다음과 같은 애도를 표했다.

"그린벨트 운동의 성과는 풀뿌리 조직이 지닌 힘의 증언이며, 지역 공동체가 함께 나무를 심어야 한다는 일개 개인의 단순한 생각이 한 마을에서 시작해 국가를 거쳐 아프리카 대륙 전체로 퍼지는 성과를 이루어냈다는 증거다."

그린벨트 운동의 후원으로 현재도 나무는 계속 심기고 있다. 케냐의 단체들은 나무 한 그루를 심어서 어느 정도 자라고 나면 10센트를 보상금으로 받는다. 이 운동으로 수천만 그루의 나무가 심어졌지만 케냐에서는 여전히 매년 수천 제곱킬로미터의 숲이 사라지고 있다.

MADCap Horse

가지가 마주나는 나무를 쉽게 외우는 방법. 대부분의 교목과 관목은 가지가 어긋나기 때문에 가지가 마주나는 나무를 보면 다음 중 하나로 정체를 좁힐 수 있다. 단풍나무류Maple, 물푸레나무

누탈리산딸나무는 가지가 마주난다.

류Ash, 층층나무류Dogwood, *Cornus* spp.는 MADCap의 MAD에 해당한다. 댕강나무류*Zabelia* spp., 인동류*Lonicera* spp., 인동딸기류*Symphoricarpos* spp. 등의 관목이 포함된 인동과Caprifoliaceae는 MADCap의 Cap에 해당한다.

'Horse'는 가시칠엽수Horse chestnut를 말한다. 가시칠엽수는 남유럽 발칸반도의 극히 일부 지역에서만 자생하지만 그늘이 좋아 많은 국가에서 널리 심는다. 영어식 일반명에 '밤나무'chestnut라는 말이 들어가지만 밤나무속*Castanea*과는 전혀 관계가 없다. 가시칠엽수와 같은 칠엽수속*Aesculus* 식물 중에 미국에 자생하는 나무는 여러 종인데 모두 일반명에 'Buckeye'가 들어간다. 그렇다면 미국에서는 MADCap Horse가 아니라 MADCap Buck으로 바꾸는 게 더 나을지도 모르겠다.

Magnolia (*Magnolia* spp.) 목련

식물의 진화 초기에 등장한 나무로 목련은 모든 면에서 대담무쌍하다. 도널드 컬로스 피티는 목련을 다음과 같이 묘사했다.

"바람이 차갑게 식혀놓은 애팔래치아산맥 남부의 어느 산골짜기. 끝없이 떨어지는 폭포로 활기 넘치고 고사리와 바위떡풀이 싱싱하게 돋아나는 그곳을 이 사랑스러운 나무가 제집으로 삼는다. 나무가 피워낸 꽃은 숲속 초록 물 위에 떠 있는 수련처럼 은은하게 빛난다."

커다란 목련 꽃잎은 딱정벌레가 기어다니고
숨어 있기 좋게 진화했다.

우산목련*Magnolia tripetala*을 이렇게 묘사한 걸 보면 피티는 다른 이들처럼 이 나무를 지극히 사랑한 게 분명하다.

"여름이면 줄기 끝에 크고 얄따란 연둣빛 잎이 우산처럼 모여 마치 제 형체를 드러낸 애팔래치아 숲의 정령처럼 하층에서 반짝거리고 긴 계곡을 영원히 쓸어가는 상쾌한 바람에 흘러내린다."

목련속 나무는 대체로 잎이 큰 편인데 일부는 길이가 50센티미터, 너비는 25센티미터나 된다.

목련은 아시아에서 기원해 5,000만 년 전에 북아메리카를 포함한 북반구 전역으로 퍼져나갔다. 그러나 그로부터 1,000만 년

후, 지구가 급격하게 차가워지면서 온기를 사랑하는 목련들이 북아메리카에서 죽어나갔다. 커다란 유전자풀에서 단절되어 살아남은 것들은 시간이 지나면서 새로운 종으로 진화했다. 가장 최근에 일어난 빙하기와 그에 따른 기후변화로 목련의 분포 범위와 개체수는 더 감소했다.

현재 북아메리카에서 목련속 식물이 가장 흔한 지역은 활엽수가 우거진 애팔래치아산맥 산골짜기다. 애팔래치아산맥의 일부인 그레이트스모키산맥을 등산하다 보면 황목련*Magnolia acuminata*, 프레이저우산목련*Magnolia fraseri*, 넓은잎목련*Magnolia macrophylla*, 우산목련을 만날 수 있다. 네 종 모두 하층 식물은 아니며 일부는 꽤 높이 자라기 때문에 목련의 특별한 수피에 속한 잎을 찾으려면 하늘을 향해 멀리 고개를 들어야 한다.

목련은 식물의 진화에 중요한 역할을 맡았는데 곤충에 꽃가루받이를 의존한 최초의 현화식물이기 때문이다. 현화식물, 즉 속씨식물은 백악기 화석 기록에 처음으로 등장한다. 그 시기에는 벌을 포함한 곤충이 이미 존재했다. 오늘날 우리는 벌을 위대한 꽃가루 전달자로 생각하지만 사실 초기에 진화한 목련의 꽃가루받이는 딱정벌레들이 전담했고 그건 지금도 마찬가지다. 목련의 커다란 꽃은 딱정벌레가 기어다니기 좋은 탄탄한 발판을 제공할 뿐 아니라 밤이면 꽃잎을 닫는 특성은 거친 날씨와 포식자로부터 곤충을 보호할 수 있었다. 목련꽃의 중앙에 모여 있는 암술은 꽃가루로 뒤덮인 커다란 수술에 둘러싸여 있어서 자가수분이 가능하다. 그러나 그렇게 수정된 씨앗은 근친교배이므로 종자가 건강하지 않다. 딱정벌레는 다른 모든 꽃가루 전달자와 마찬가지로 식물의 유전물질을 뒤섞는다.

더 찾아보기: 백합나무

Maple (*Acer spp.*) 단풍나무

북반구 온대림 전역에 분포하는 나무로 128개 종을 포함한다. 단풍나무속 식물은 모두 씨앗에 2개의 날개가 달려 나무에서 떨어지면서 바람을 타고 날아간다. 잎자루와 맞닿는 잎 기부의 중앙에서 방사상으로 뻗는 잎맥을 보면 쉽게 알아볼 수 있다.

캐나다 국기에 그려진 잎이 바로 단풍나무 잎이다. 세계에서 가장 아름다운 가을철 단풍의 주인공 역시 설탕단풍이다. 뉴잉글랜드, 오대호 지역, 캐나다 일부, 그리고 남쪽으로 조지아주까지 이어지는 고지대 자생지에서 가을에 설탕단풍이 물드는 풍경은 보는 이의 마음을 설레게 한다. 전 세계의 단풍객들이 이 풍경을 보기 위해 이곳을 방문한다. 도널드 컬로스 피티의 말처럼 단풍잎만큼이나 각양각색의 사람들이 모여들어 "단풍나무가 커다란 아치를 이루며 빛나는 축복을 내리는 거리에서 마치 이미 영광을 맛본 듯 걸어다닌다." 눈을 즐겁게 하는 이 달콤한 풍경은 나무의 혈관을 통해 흐르는 달짝지근한 수액과 잘 어울린다. 설탕단풍 수액

단풍나무의 종자에는 날개가
달려 천천히 떨어지면서
바람을 타고 날아간다.

을 받아서 만든 메이플 시럽은 지구에서 가장 단 천연 감미료다.

참꽃단풍은 낙엽수 가운데 미국 동부 전역에 가장 널리 퍼져 있고 수도 가장 많다. 이 식물은 봄철에 가장 먼저 꽃을 피워 2월의 숲을 붉게 물들이며 먹을 것이 부족한 이른 봄 벌들에게 소중한 꽃가루와 꽃꿀을 제공한다. 이 나무는 단풍나무*Acer palmatum*와 혼동하기 쉽다. 참꽃단풍은 눈도 꽃도 잎자루도 모두 붉고 가을이 되어 잎이 붉게 물들기 전에는 초록색이다. 하지만 단풍나무는 훨씬 크기가 작고 생장철 내내 잎이 붉다.[26] 이처럼 단풍나무는 아주 다양해서 재배종만 수천 가지이며 그것들을 모두 구분할 수 있는 사람은 우주 전체를 통틀어 한 사람도 없을 것이다.

단풍나무 목재는 색감이 뛰어나서 펜더 스트라토캐스터, 텔레캐스터, 깁슨 레스폴 같은 세계적인 기타 제작에 쓰이기도 한다.

Menominee Forest 메노미니 숲

위스콘신주에 펼쳐진 950제곱킬로미터의 숲. 초록색의 경계선과 주변의 땅이 뚜렷하게 비교되어 지구를 벗어난 우주왕복선에서도 보이는 숲이다. 물론 우주비행사가 아니어도 컴퓨터로 구글어스에 들어가면 얼마든지 볼 수 있다.

숲의 초록색은 대부분 스트로브잣나무, 솔송나무, 설탕단풍, 참나무의 색이다. 이 숲은 메노미니 원주민 부족의 소유다. 메노미니족의 역사는 길고 복잡하지만 짧게 정리하자면, 1954년에 연방법에 의해 부족이 공식적으로 해체되면서 그들이 전통적으로 지배하던 메노미니 보호구역이 카운티로 지정되었다. 그러나 1974년에 부족의 지위가 회복되었고, 이들이 카운티 전체를 관리하게 되었다. 메노미니족은 이 큰 숲을 접근이 금지된 신성한 지역으로 취급하는 대신 숲의 전 영역에서 나무를 베었다. 그들은 심지어

26) 특정 품종의 단풍나무만 봄과 여름에도 붉은 잎을 지닌다—옮긴이.

수백 년 된 나무도 벌목하여 수입을 창출했다. 다만 이들의 임업이 다른 지역과 다른 부분은 엄격히 통제된 선별적 벌목이 이루어진다는 점이다. 메노미니족은 1800년대부터 벌채를 시작했는데, 추장 오시코시는 다음과 같이 명령했다.

"해가 뜰 때 수확을 시작하여 해가 지는 쪽으로 옮겨가며 작업하라. …숲의 끝에 도달하면 뒤를 돌아 해가 지는 곳에서부터 해가 뜨는 곳을 향해 잘라내기 시작하라. 그러면 나무는 영원히 지속될 것이다."

이들의 임업 활동은 150년 동안 지속되었고 최소한 일곱 세대는 계속될 수 있게 계획되었다.

메노미니 숲은 숲인 동시에 벌채 작업장으로, 이 숲에서는 전기톱과 목재 운반 트럭, 쌓여 있는 나뭇가지들을 흔하게 볼 수 있다. 매년 24제곱킬로미터의 숲이 벌채 대상으로 표시되고 수확한 나무는 부족민과 비부족민 사업자에게 입찰된다. 벌목 철에는 늘 50명가량의 작업자가 숲에서 작업한다. 부족이 소유한 대형 제재소에서 가공하는 연평균 1,400만 보드피트[27]의 목재는 바닥재, 창문 틀, 목재 펠릿 등의 용도로 쓰인다.

메노미니 숲은 지속 가능한 임업의 훌륭한 본보기가 되었다. 이곳에도 인상적으로 큰 나무들이 존재하고 수종의 다양성도 유

27) board feet: 목재의 부피 측정 단위—옮긴이.

지되고 있지만 사람이 관리하지 않는 노숙림과는 아주 다른 느낌을 준다. 그러나 주변의 목초지나 경작지와 다르게 이곳에는 여전히 초록색 지붕이 숲을 덮고 있으며 '백인'이 이 지역에 오기 전부터 있었던 토종 수목들이 남아 있다.

Meristem 분열조직

나무에서 세포가 분열하여 새로운 세포를 생산하고 그 결과 생장이 일어나는 장소. 나무는 동물과는 전혀 다른 방식으로 생장한다. 동물은 몸 전체가 비례적으로 커지다가 어느 시점이 되면 생장을 멈춘다. 그러나 나무는 측생분열조직을 통해 폭이 증가하거나 정단분열조직을 통해 키가 커진다.

나무는 살아 있는 한 생장을 멈추는 일이 없다. 나이테는 수피층 바로 밑에 원형으로 배열된 측생분열조직[28]에서 만들어진다. 이 조직에서 분열된 세포 중에 나무의 바깥쪽으로 이동하는 세포는 수액을 운반하는 체관세포가 되고 나무의 안쪽으로 이동하는 세포는 물을 운반하는 물관세포가 된다. 나무를 가로로 절단했을 때 보이는 나이테는 모두 물관세포다.

따라서 매년 나무의 몸통과 가지가 굵어지는 건 모두 측생분열조직 덕분이다. 정단분열조직은 가지나 뿌리 끝에 있으며 여기에

28) 관다발 부름켜라고도 한다.

서 분열되는 세포가 가지는 길게, 줄기는 높이 자라게 한다. 이 분열조직은 아래쪽의 눈이 싹트지 못하게 억제하는 호르몬을 생산한다. 그래서 나무의 가지 끝을 일부러 잘라내면 억제 호르몬이 사라지면서 아래쪽 눈들이 자라 가지가 더 무성해진다.

더 찾아보기: 연륜연대학, 도장지, 변재

Muir, John 존 뮤어

뮤어1828~1914는 미국 초기 자연주의 작가 가운데 한 사람이다. 스코틀랜드 출생이지만 미국 캘리포니아주 요세미티 밸리와 그 주변의 거삼나무 숲에서 지낸 삶으로 유명하다. 뮤어는 열렬한 자연 '체험자'로서 산을 걷고 나무를 올라탔으며 폭풍의 힘을 즐겼다.

그는 벗에게 "나는 숲속에, 숲속에, 숲속에 있다네. 그리고 숲은 바로 나, 내 안에 있지"라고 쓴 적이 있다. 뮤어는 인간이 어떻게 자연의 아름다움을 파괴하는지 보았기에 자기가 사랑하는 곳을 구하기 위한 글을 썼다. 그는 감성적인 산문을 통해 미국 정부가 요세미티를 국립공원으로 지정하여 벌목업자·방목된 가축·통제 불가능한 관광객들로부터 보호하도록 설득했다.

1903년 요세미티를 방문한 시어도어 루스벨트 대통령은 특별한 하객들이 참석하는 공식 만찬에서 빠져나와 뮤어와 캠핑하며 밤을 보냈다. 마리포사 그로브의 거대한 거삼나무 아래에서 두 사람은 거목이 보존되어야 하는 이유에 관해 이야기를 나누었다. 뮤어 덕분에 그 나무들은 여전히 하늘을 향해 꼿꼿이 서 있지만 그 아래에서 야영하는 것은 이제 허락되지 않는다. 뮤어는 미국에서 천연림을 구하는 일이 얼마나 어려운지 깨닫고 많은 이의 도움을 받기 위해 환경 단체 '시에라 클럽'Sierra Club을 창립했다. 현재 시에라 클럽의 회원은 380만 명이다.

더 찾아보기: 뮤어 우즈, 세쿼이아아과, 시어도어 루스벨트

Muir Woods 뮤어 우즈

미국 서부에서, 아마도 세계에서 가장 잘 알려진 노숙림. 숲이 우거진 이 국립기념물이 인기를 누리는 이유는 대도시인 샌프란시스코에서 가깝기 때문이기도 하지만, 무엇보다 이곳에 자라는 세쿼이아의 절대적인 웅장함 덕분이다. 이 숲의 이름이 된 존 뮤어는 뮤어 우즈를 '전 세계 모든 숲 중에서 나무를 사랑하는 사람들에게 최고의 숲'이 될 만한 곳이라고 자랑했다. 매년 100만 명 이상이 이곳을 방문한다. 관광객이 꽉꽉 채워진 버스와 포장도로를 보고 실망하는 이들도 있고, 높이 솟은 오래된 세쿼이아를 처음 접하고 경이로움과 깨달음을 얻는 사람들도 있다.

1800년대 후반에 캘리포니아주에서는 세쿼이아와 거삼나무 숲을 비롯해 모든 숲이 거침없이 잘려나가 1900년에는 노숙림의 5퍼센트밖에 남지 않았다. 살아남은 작은 숲 중에 타말파이스산에서 흘러내리는 하천, 레드우드 크리크를 둘러싸는 1제곱킬로

미터 넓이의 숲이 있었다. 이제 히어로가 등장할 때다. 우리의 히어로는 "한 사람 한 사람이 차이를 만든다"라는 말을 직접 실천한 윌리엄 켄트William Kent다. 켄트는 부유한 가문 출신으로 정치계에서 활발하게 활동했다. 그는 캘리포니아 숲에서 벌어지는 참극을 보고 벌목업자들이 접근하기 힘들어 남겨둔 이 숲을 사기로 했다. 1905년 아내의 격려로 그는 노숙림 구역이 포함된 2.5제곱킬로미터의 땅을 4만 5,000달러에 구입했다.

그런데 불과 2년 뒤 한 수도 회사가 계곡을 막아 저수지를 만들기 위한 토지 수용 절차를 시작했다. 이렇게 되면 벌목하지 않더라도 나무는 죽을 수밖에 없었다. 지역 사회에 식수를 공급하는 것은 정당성이 강한 사유였기 때문에 켄트는 숲을 보존하려면 한 가지 방법밖에 없다고 생각했다. 바로 숲을 미국 내무부에 기증해 국립기념물로 지정하는 것이었다.

1906년에 유적지 보존법이 통과되면서 당시 대통령이던 시어도어 루스벨트는 공공 토지를 국립기념물로 빠르게 지정할 수 있는 권한을 얻었다. 켄트는 당시 야생 지역 보존에 적극적으로 앞장서고 많은 이에게 영향을 준 존 뮤어의 이름을 붙인 기념물을 요청했다. 1908년 1월, 뮤어 우즈는 미국에서 여섯 번째 국립기념물이 되었다.

1910년에 켄트는 미국 하원의원으로 선출되었고 1916년에는 미국 국립공원관리청을 설립하기 위한 법 제정에 주도적으로 나셨다. 그가 반아시아 인종차별주의자만 아니었다면 사람들은 그에게 무한한 찬사를 보냈을 것이다.

더 찾아보기: 존 뮤어, 노숙림, 시어도어 루스벨트, 세쿼이아아과

Mycorrhizae 균근

어떤 곰팡이는 나무뿌리와 밀접한 관계를 맺는다. 가는 균사는 나무의 실뿌리 주위를 빽빽하게 감싸는 것으로도 부족해 뿌리 세포 안까지 들어가기도 한다. 나무와 곰팡이의 이런 끈적한 관계에 학자들은 곰팡이myco와 뿌리rhizae를 하나로 묶어 균근mycorrhizae이라는 이름을 붙여주었다. 이들은 수목계의 잉꼬부부다. 그러나 한 상대에게만 충성하는 일부일처의 관계는 아니라서 나무는 십여 종류의 곰팡이와 파트너가 된다. 모든 곰팡이가 나무와 균근 관계를 맺는 것은 아니지만 적어도 수천 종류의 균류가 참여한다.

가장 흔한 종류의 균근균은 뿌리 세포를 뚫고 들어가는데 그러면 서로 물물교환이 수월해진다. 곰팡이는 나무로부터 광합성의 산물인 당을 받고 나무에게 물, 질소, 인, 미량의 영양소를 내어준다. 균근은 이미 수억 년 전부터 존재했고 식물이 물에서 뭍으로 올라오는 초기 진화에 중요한 역할을 했다.

토양이 엄청난 양의 탄소를 저장할 수 있는 것은 균근 덕분이다. 숲이 벌채되면 이 탄소의 대부분은 다시 공기 중으로 방출된다. 대부분의 식물은 땅속에서 포자를 만드는 균류와 파트너가

균근 상태의 나무뿌리.
곰팡이가 실뿌리를 감싸거나 침투해 영양분을 주고받는다.

되지만, 너도밤나무류나 소나무류를 포함한 15퍼센트는 버섯을 만드는 균류와 균근 관계를 맺는다. 따라서 숲 바닥에서 자라는 많은 버섯은 땅속에서 나무와 균사로 연결되었을 가능성이 크다.

식물과 곰팡이의 이런 물리적 관계는 1800년대 후반에 처음 기술되었지만 우리는 100년이 지나서야 그 기능을 제대로 이해하기 시작했다. 나무가 이 곰팡이 네트워크를 이용해 같은 종이든 아니든 다른 나무와 물질을 공유한다는 사실을 알게 된 것은 고작 몇십 년 전이다. 곰팡이는 여러 다른 나무와 연결되어 자원을 공유하고, 나무 자신도 다른 여러 나무와 연결된다. 오래된 나무일수록 관계망은 더 크고 복잡하다. 연구자 수잔 시마드Suzanne Simard는 이런 네트워크를 '우드 와이드 웹'wood wide web이라고 부른다.

"나무를 심을 땅을 준비하는 과정은
실로 엄청난 일이다. 생울타리를 세우고,
울타리에서 쳐낸 가지를 태우고, 도랑을 치우고…"

Oak (*Quercus spp.*) 참나무

참나무를 동정하다 보면 어느새 머릿속이 뒤죽박죽 엉망이 된다. 미국에만 90종의 참나무가 있고 멕시코에 160종, 중국에 100종 등 전 세계의 참나무를 다 합치면 600여 종에 이른다. 그뿐인가. 이들은 자연적으로 자기들끼리 교배하여 도저히 구분할 수 없는 잡종을 형성한다. 참나무 중에는 상록수도 있고 낙엽수도 있지만 공통된 특징은 익숙한 도토리 형태의 종자를 맺는다는 것이다. 도토리는 수천 년간 인간의 중요한 식량원이었고, 들칠면조, 오리, 딱따구리 그리고 청설모까지 많은 동물에게 끼니를 제공했다.

참나무는 강력한 힘으로 사람을 끌어당긴다. 불가리아, 키프로스, 영국, 에스토니아, 프랑스, 독일, 몰도바, 요르단, 라트비아, 폴란드, 루마니아, 세르비아, 미국, 웨일스까지 세계 총 14개국이 국가를 상징하는 나무로 참나무를 선택했다. 이런 정치적 연관성에 더해 이 나무가 발휘하는 정신적 영향력도 무시할 수 없다. 고대 그리스에는 잎이 바스락거리는 소리로 사제에게 조언하는 참나무에 대한 문헌 기록이 있다. 참나무는 훨씬 예전부터 영적 시금석이었다. 제임스 프레이저는 고전 『황금가지』*The Golden Bough*에서 다음과 같이 썼다.

"아리아인에 뿌리를 둔 유럽의 모든 커다란 분파가 참나무의 신이자 천둥과 비의 신을 오래전부터 숭배했던 것으로 보인다.

도토리는 인간을 포함해 여러 동물의 중요한 식량원이다.

그 신은 사실상 만신전의 대장이었다."

참나무와 천둥의 정령은 동일하게 여겨졌다. 현대 아일랜드의 드루이드들은 여전히 공동체 안에 있는 참나무의 고견을 듣고 나무를 지킨다.

지구에는 아주 특별한 참나무가 많다. 참나무는 수명이 아주 길기 때문에 1,000년을 넘게 산 나무도 많다. 영국의 예를 들어보자. 셔우드 숲의 로빈 후드 이야기[29]를 들어본 적 있는 사람이라면 영국 노팅엄셔에 셔우드 숲이 아직 존재한다는 사실에 놀랄 것이다. 그곳에는 메이저오크Major Oak라는 이름의 특별한 참나무

29) 그는 부자한테 훔친 것을 가난한 자들에게 나눠준다.

가 한 그루 있다. 로빈 후드가 피난처로 삼았다는 이 속이 빈 참나무의 수종은 유럽참나무다. 메이저오크는 거대한 크기와 나무에 얽힌 흥미진진한 일화들로 1790년에도 이미 유명한 관광 명소였다. 존 팔머John Palmer라는 영국인은 이 나무를 번식시키려고 오랜 세월 무던히 애를 썼다. 2000년에는 메이저 오크에서 500개의 도토리를 수확해다가 심고 싹을 틔웠다. 2년이 지나자 300그루의 튼튼한 묘목이 자랐다. 그는 미니어처 셔우드 숲을 재건하려는 바람을 품고 2만 8,000제곱미터의 토지를 구매했다. 그는 이렇게 말했다.

"나무를 심을 땅을 준비하는 과정은 실로 엄청난 일이다. 생울타리를 세우고, 울타리에서 쳐낸 가지를 태우고, 도랑을 치우고, 배수로 때문에 망가진 길을 따라 다시 씨를 뿌리고, 잡초를 제거하고, 고인 물을 퍼내고, 봉투를 씌우고, 봉투를 제거하고, 우물을 파고, 사슴 울타리를 세우고, 주변 도로를 정비하고, 사륜구동 트럭을 구입하고, 참나무 묘목을 울타리 안으로 들여오고, 우물에서 물을 퍼 올릴 밧줄과 도르래를 설치하고, 오래된 욕조를 재활용해서 물을 저장하고, 여름이면 이틀에 한 번씩 묘목에 물을 줘야 한다."

참나무를 어지간히 사랑하지 않고서야 불가능한 일이다.

미국에서는 1,000년도 넘게 살았다고 전해지는 두 참나무가 유명하다. 엔젤오크Angel Oak는 사우스캐롤라이나주 찰스턴에서 이

나무의 이름으로 기념되는 공원에 사는 버지니아참나무*Quercus virginiana*다. 미국 동부에서 가장 아름다운 나무로 인기가 많다. 그레이트오크Great oak는 캘리포니아주 남부에서 사는 해안가시나무*Quercus agrifolia*로 나무가 자라는 땅의 주인인 루이세뇨족의 페창가 밴드Pechanga Band는 이 나무를 '위아살'Wi'áaṣal이라는 이름으로 부른다. 나무는 높은 보안 울타리와 자물쇠가 채워진 출입구로 보호되기 때문에 외부인이 마음대로 볼 수 없지만 예약을 하면 이 영광스러운 나무를 방문할 수 있다. 그레이트오크의 길고 두꺼운 가지는 제 몸을 지탱하기 위해 땅속으로 파고 들어갔다가 다시 올라와 손을 뻗는다. 지금까지 나무 전체가 한 장에 다 담긴 사진은 없다. 이 부족이 운영하는 페창가 카지노 내의 술집은 이 나무와 비슷하게 디자인되었다.

Old Growth 노숙림

이 용어는 공통으로 합의된 정의가 없기 때문에 때에 따라 여러 의미로 사용된다. 보통은 오랫동안 교란되지 않고 자연적으로 발달한 숲을 묘사할 때 사용된다. 인간의 손을 타지 않은 오래된 숲은 '원생림', '일차림', '원시림'이라고도 부른다.

하지만 얼마나 오래되고 얼마나 교란되지 않아야 노숙림이라고 부를 수 있을지 그 기준을 정하자면 혼돈이 시작된다. 예를 들어 300년 전에 잘려나갔다가 그 이후에 자연적으로 자란 숲이 있다면 노숙림이라고 불러도 될까? 수명이 짧은 수종으로 구성된 숲이라면 가능하지만 아주 크게 자라는 세쿼이아 숲이라면 300년으로는 어림도 없다. 이런 혼돈을 막기 위해 미국 산림청은 숲의 종류에 따라 '노숙림'을 다르게 정의했다. 교란의 종류에 대한 문제 제기도 있다. 예컨대 인간이 개벌한 숲은 당연히 노숙림의 기준에 미치지 못한다. 그러나 만약 인간의 개입이 전무한 상황에서 자생하던 곤충이나 토네이도에 의해 숲이 망가졌다면 그때는 어떻게 할까?

지역도 중요하다. 예를 들어 미국에서는 1600년대까지만 해도 상업적으로 착취된 숲이 없었다. 따라서 1600년대부터 지금까지 용케도 벌목을 피한 희귀한 숲은 유럽인 정착 훨씬 이전부터 존재한 숲이기에 쉽게 노숙림이라고 부를 수 있다. 그러나 구세계의

수명을 다해 쓰러진
나무는 노숙림을 특징짓는
지표이기도 하다.

숲은 어떤가? 유럽에서 1400년대에 대대적으로 벌목되고 그 이후로 600년 동안 회복한 숲이 있다면? 이 숲들은 분명 오래되어 보이기는 하지만 생태학적으로 비교하면 개벌된 적 없는 숲과 같지는 않다.

'노숙림'이라는 명칭을 붙이기 위한 다음 단계는 숲의 특징을 조사하는 것이다. 노거수가 자라고 있는가?(적어도 그 수종의 최대 수명에 도달한 나무가 있는가?) 속이 비고 껍질이 두꺼운 고사목이 있는가? 죽어서 쓰러진 나무가 있는가? 빛이 들어오는 간격은? 나무가 쓰러지며 생긴 구덩이나 흙더미는? 교란되지 않은 같은 종류의 다른 숲과 초본의 식생이 비슷한가? 이 모든 것이 노숙림의 생태학적 지표다. 너무 세세한 것까지 따지는 것이 곤란해지면 결국 개인의 판단에 맡기게 된다. '상대적으로' 오래되었나 또는 '상대적으로' 덜 교란되었나? 이런 숲들은 분명 드물고 희귀한 숲이다. 애매하기는 해도, 더 나은 단어가 없으니 일단은 노숙림이라고 부르자.

Overstory 상층

숲에서 머리 위 식생층을 '상층'overstory, 머리 높이 아래의 식생층을 '하층'understory이라고 부른다. 상층은 '임관'과 거의 동일한 의미로 사용된다. 단, 일차 열대우림을 기술할 때 임관은 머리 위의 식생 전체를 일컫지만, 상층은 임관 위로 튀어나온 키가 가장

숲의 상층을 올려다본 모습.

큰 나무들을 가리킨다.

『오버스토리』*The Overstory*는 리처드 파워스Richard Powers가 쓴 퓰리처상 수상작의 제목이기도 하다. 이 소설은 나무의 힘에 감명받아 나무를 보호하기 위해 모여든 사람들의 이야기를 다룬다. 워낙 인기 있는 소설이라 구글에서 '오버스토리'라고 검색하면 생태학 용어보다 이 소설의 서평이 더 많이 올라온다.

P

"어떤 잎은 크리스털, 어떤 잎은 별.
어떤 건 활, 어떤 건 물 위의 다리,
어떤 건 손 없는 세상의 손이다."

Palm (Arecaceae) 야자나무

높은 기둥 위에 잎으로 만든 별표가 얹어져 있고, 열대기후가 아닌 곳에 사는 사람들에게는 '휴가'를 뜻하는 나무. 출근하기 위해 자동차 앞 유리에 낀 얼음을 박박 긁어내고 있을 때 친구는 열대 해변에 늘어선 코코넛야자*Cocos nucifera* 사진을 SNS에 올리고 있다면 우리는 친구가 휴가라는 것을 바로 알 수 있다.

실제로 야자나무는 열대 지방에서만 자란다. 추위가 닥치면 야자나무 꼭대기에 달린 끝눈이 죽기 때문이다. 자연계에서 가장 큰 이 눈에는 내년에 자랄 잎이 들어 있으므로 이 눈이 죽으면 나무도 죽는다. 이 책에 나오는 다른 모든 나무는 위로도 옆으로도 자라지만, 야자나무는 위로만 자란다. 나이테를 만들지 않기 때문에 나이가 들어도 옆으로 굵어지지 않는다.

왜 야자나무는 그렇게 다른 나무와 다를까? 사실 나무란 줄기가 높게 자라고 잎이 달린 모든 식물을 통칭하는 말이다. 특정한 '분류군'의 식물을 뜻하는 용어가 아니므로 모든 나무가 서로 근연 관계일 필요는 없다. 사실 야자나무는 단풍나무보다 풀밭의 잔디에 더 가깝다.

식물을 조금이라도 공부한 적 있는 사람이라면 꽃이 피는 모든 식물은 크게 외떡잎식물과 쌍떡잎식물로 나뉜다는 것을 잘 알고 있을 것이다. 외떡잎식물은 잎이 길고 가늘며 서로 평행한 맥이 있고 꽃이 대개 3의 배수로 핀다. 쌍떡잎식물은 잎이 넓고 잎맥도

더 복잡하다. 겉씨식물인 은행나무와 외떡잎식물인 야자나무를 제외하면 이 책에 나오는 모든 나무가 쌍떡잎식물, 또는 겉씨식물 중에서도 침엽수에 속한다. 야자나무는 잔디, 백합, 수선화와 같은 외떡잎식물에 속한다. 야자나무에는 2,600종이 있고 키가 작고 큰 것, 가시가 있는 것과 없는 것 등 형태가 대단히 다양하다. 대부분의 야자나무 잎은 초록색이지만 은청색 잎이 달리는 멋진 나무도 있다. 코코넛야자와 대추야자*Phoenix dactylifera*는 인간의 중요한 식량원이다.

야자나무는
위로만 자란다.
꼭대기에 달린
끝눈이 죽으면
나무도 죽는다.

야자나무가 잘 자라는 기후에 사는 사람들 중에 최대한 많은 종의 야자나무를 키우는 데 집착하는 이들이 있다. 시인 윌리엄 스탠리 머윈W.S. Merwin이 그랬다. 그는 하와이 마우이섬에 있는 7만 7,000제곱미터 넓이의 정원에 400종의 야자나무 2,700개체 이상을 심었다. 머윈은 야자나무에게 경의를 표하는 「야자수」The

Palms라는 시를 쓰기도 했다.

"어떤 잎은 크리스털, 어떤 잎은 별. 어떤 건 활, 어떤 건 물 위의 다리, 어떤 건 손 없는 세상의 손이다."

머윈은 2019년에 세상을 떠났지만 그의 정원은 그대로 보존되어 예약 후 방문할 수 있다.

Pinchot, Gifford 기퍼드 핀쇼

핀쇼1865~1946는 정치계에 인맥이 있는 부유한 가문에서 태어났다. 환경보호주의자였던 부친은 아들에게 당시 미국에서는 신생 분야였던 산림학을 전공하게 했다. 그 무렵 미국의 숲은 벌목이 한창이었고 벌목이 끝난 숲은 그냥 버려졌다. 그곳에 산림 자원을 보존하기 위한 '관리와 경영' 같은 것은 없었다. 핀쇼는 임학을 공부하고 싶었으나 미국에 임학 과정이 있는 대학은 없다는 대답만 들었다. 잘 알려지지 않은 학문이라 당시에는 가르치는 곳이 없었다.

결국 핀쇼는 1890년에 예일대학교를 졸업하고 유럽에 가서 과학을 기반으로 한 산림 경영이 어떻게 이루어지는지 공부했다. 1892년 공부를 마치고 돌아온 핀쇼는 노스캐롤라이나주에 있는 밴더빌트가의 대저택 빌트모어를 둘러싼 500제곱킬로미터의 숲을 관리하게 되었다.

그해는 핀쇼가 존 뮤어를 만난 해이기도 하다. 두 사람은 애디론댁산맥에서 함께 야영했다. 핀쇼와 뮤어는 모두 자연을 사랑했지만 핀쇼는 자연이란 관리되고 수익을 창출하는 도구가 되어야 한다고 보았던 반면, 뮤어는 아름다움과 다양성을 위해 자연을 보존해야 한다고 생각했다. 서로 견해차가 커지던 두 사람은 캘리포니아주 요세미티에 헤츠헤치Hetch Hetchy 댐을 건설하는 것을 계기로 갈라섰다. 핀쇼는 댐 건설을 찬성했고, 뮤어는 이를 반대했다.

핀쇼는 빌트모어에서 오래 머물지 않고 뉴욕으로 가서 자문 산림 감독관이 되었다. 그는 대신 셴크라는 독일인 산림 감독관을 고용해 빌트모어 대저택의 목재 수확 계획을 실행하게 했다. 셴크는 벌목 지시를 받은 빅 크리크에 대해 이렇게 보고했다.

"그 계곡에는 백합나무가 높이 솟았고, 그 발치에는 거대한 밤나무, 유럽참나무, 피나무, 물푸레나무까지 제가 지금까지 본 가장 아름다운 나무들이 자라고 있었습니다."

셴크는 핀쇼의 명령을 거스를 수 없었고, 이 '영광스러운 원시림'은 그의 손에 잘려나가 제재소에 보내지게 되었다. 작업을 마친 후 셴크는 한탄했다.

"진달래가 아치를 이루고 바위에는 이끼가 끼고 개울에는 송어가 가득 차 있던 빅 크리크의 바닥은 폐허로 변해, 찢겨진 기슭과 벗겨진 바위가 난무하는 그야말로 사막의 소협곡이 되어버렸다."

한편 뉴욕의 핀쇼는 집안의 인맥을 통해 정부 과제에 참여했다.

그는 미국 산림청 설립을 감독하게 되었다. 그리고 1905년에는 시어도어 루스벨트 대통령 밑에서 초대 산림청장에 임명되었다. 루스벨트가 대통령직에서 물러난 후에도 핀쇼는 계속해서 국유림 보존을 위해 열심히 일했다. 토지 국유화의 필요성을 통감하지 않는 자들의 손에 해임된 후에도 핀쇼는 루스벨트와 함께 만들어냈던 것들을 보존하기 위한 '정치 공작'을 멈추지 않았다.

핀쇼는 코네티컷주에서 태어나 어린 시절 대부분을 뉴욕주에서 살았고 뉴햄프셔주에서 학교를 다녔으며 노스캐롤라이나주에서 일했고 마침내 워싱턴 D.C.로 와서 산림청을 이끌었다. 그리고 1922년에 펜실베이니아 주지사가 되었다. 어떻게 살아본 적도 없는 곳의 주지사가 될 수 있었을까? 핀쇼 자신이 살았던 적은 없었지만 그의 가문은 펜실베이니아주, 특히 밀포드라는 마을에 깊은 뿌리를 두고 있었다. 그의 부모님은 그곳에 '그레이 타워스'Grey Towers를 지었다. 핀쇼의 스물한 살 생일에 완공된 6,000제곱미터 면적의 대저택이었다. 오늘날 그레이 타워스에는 핀쇼 연구소가 들어섰고 일반인에게도 공개된다.

만년에 핀쇼는 좀더 환경 보존주의자에 가깝게 바뀌었다. 이런 성향은 저서 『산림 감독관 훈련』*The Training of a Forester*의 초판과 개정판에서 명확하게 드러난다. 개정판에서 핀쇼는 숲과 숲에 의존해 살아가는 생물들의 아름다움을 언급했다. 이전 판에서는 나오지 않았던 부분이다. 핀쇼는 미국산림감독관협회Society of American

Foresters를 세우고 이 단체를 통해 숲을 황폐화시킨 전통적인 벌목 관행을 비판했다.

뮤어 우즈에서 핀쇼에게 헌정된 '가장 완벽한' 나무에 더하여 펜실베이니아주에는 주립공원에, 워싱턴주에는 국유림에 그의 이름이 붙어 있다. 그의 외동아들인 기퍼드 브라이스 핀쇼는 천연자원보호협회Natural Resources Defense Council를 설립했다.

더 찾아보기: 미송, 존 뮤어, 뮤어 우즈, 시어도어 루스벨트

Pine (*Pinus* spp.) 소나무

바늘처럼 생긴 긴 잎이 다발로 뭉쳐나는 상록수. 잎의 길이나 함께 묶여 나는 잎의 개수는 종을 식별하는 중요한 형질이다. 총 126종의 소나무속 식물이 지구의 북반구 전역에 분포한다.

세계에서 가장 큰 소나무는 캘리포니아주에 자라는 사탕소나무*Pinus lambertiana*다. 종을 불문하고 지구에서 가장 나이가 많은 나무 역시 캘리포니아주에 사는 강털소나무로 무려 4,600세다. 수령이 4,900년인 강털소나무가 있었으나 그 나이를 알지 못했던 어느 연구자가 실수로 베어버리고 말았다. 강털소나무는 아주 천천히 자라며 수형이 그다지 크지 않다. 이 나무가 생장하는 건조하고 바람이 많이 부는 산악 지대는 다른 나무나 곤충, 심지어 곰팡이가 살기에도 좋은 곳이 못 되기 때문에, 강털소나무가 장수하기에 오히려 유리한 장소다.

폰데로사소나무 암솔방울.
목질의 암솔방울은 완전히 발달하는 데 몇 년이 걸린다.

또 다른 최상급 소나무속 나무는 스트로브잣나무*Pinus strobus*다. 미국 동부에서 가장 키가 큰 나무에 속하며 400년까지 살 수 있다. 이 나무는 미국 독립전쟁에서 적잖은 역할을 했다. 영국이 군함을 제작하기 위해 미국 식민지에서 자라는 크고 곧은 나무의 소유권을 주장한 것이 반란의 발단이 된 것이다. 독립전쟁의 첫 깃발에 스트로브잣나무가 그려졌다. 영국은 마침내 전쟁에서 패배하고 물러났지만 이 결과가 나무에게는 아무 도움도 되지 못했다. (헨리 데이비드 소로를 인용하면) "저토록 많은 분주한 악마들처럼" 미국인들은 100년 이상 벌목을 지속했고, 오래된 스트로브잣나무 대부분을 잘라냈다. 미국의 남쪽에서는 크고 곧은 대왕소나무로 목재 산업의 자재를 공급했다.

소나무는 노란 꽃가루를 방출하는 종이질의 수솔방울과 완전히 발달하기까지 몇 년이 걸리는 목질의 암솔방울, 이렇게 암수 두 종류의 솔방울을 만든다. 소나무속 식물 대부분의 씨앗은 작고 가벼워 바람에 의해 전파된다. 그러나 일부 소나무 종은 씨앗이 커서 새나 작은 포유류에 의해 확산된다. 사람들도 피뇬소나무*Pinus* sect. *Parrya*와 우산소나무*Pinus pinea* 같은 종의 열매를 즐겨 먹는다.

Proforestation 숲 놔두기

기존의 숲을 내재된 생태학적 잠재 수준까지 자라게 내버려 두는 방식을 말한다. 2019년에 윌리엄 무모William Moomaw가 학술지 『산림과 지구 변화의 프런티어』*Frontiers in Forests and Global Change*에 발표한 「미국의 손상되지 않은 산림: 숲 놔두기가 기후변화를 완화하고 최선의 결과에 기여한다」라는 제목의 논문에서 처음 사용했다. 공동 저자인 수잔 마시노Susan Masino와 에드워드 페이슨Edward Faison은 대기 중의 이산화탄소를 추가로 포획하는 방법으로 재조림과 신규 조림[30]이 자주 언급되지만 실제로는 원래 있던 숲을 계속 자라게 하는 숲 놔두기가 이산화탄소를 포획하는 좀더 효율적인 방법이라고 지적했다.

30) 숲이 아니었던 지역에 숲을 가꾸는 작업.

목재를 얻기 위해 성숙한 숲을 잘라내면 토양의 탄소가 공기 중으로 방출된다. 게다가 어린나무는 성목만큼 이산화탄소를 격리하지 못하며, 새로 식재된 많은 나무가 성목이 되기 전에 죽는다. 숲을 훼방 놓지 않는다면 훨씬 더 많은 탄소를 대기에서 제거할 수 있고, 이 덜 교란된 숲에서는 생물 다양성이 보존되는 부수적인 효과까지 누릴 수 있다.

더 찾아보기: 탄소 격리

R

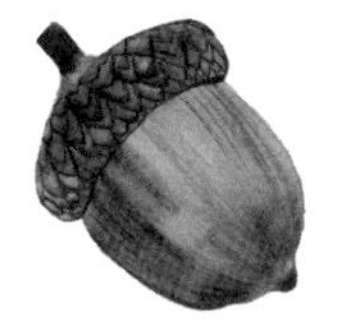

"여러분의 아이들과 그 아이들의 아이들을 위해
이 땅의 자연이 지닌 경이로움을
소중하게 여기십시오."

Redwood Summer 레드우드 서머

1990년 여름, 숲 보전 활동가들이 캘리포니아주에서 모여 민간 목재 회사가 오래된 세쿼이아를 지속해서 벌목하는 행위를 규탄하는 집회를 계획했다. 주디 바리Judi Bari와 데릴 처니Darryl Cherney가 주요 기획자였다. 두 사람은 이 활동을 '레드우드[31] 서머'라고 불렀다.

그러나 5월, 대규모 집회 직전에 바리가 운전하고 처니가 동승했던 차에서 파이프 폭탄이 폭발했다. 두 사람 모두 부상이 심각했다. 특히 바리는 골반이 부서지고 허리가 골절되었으며 사타구니에 큰 상처를 입었다. FBI는 그들이 폭탄에 대해 알고 있었고 직접 사용할 계획이었다고 주장하며 두 사람을 폭탄 제조와 운반 혐의로 입건했다. 그뿐 아니라 폭탄 테러를 방지한다는 명목으로 환경 단체 어스 퍼스트!에 대한 전국적인 감사를 실시했다. 바리와 처니는 레드우드 서머 저항 운동은 철저히 비폭력적 행사였다면서 무죄를 주장했다. 당시 두 사람은 이미 살해 협박을 받아오던 터라 다른 누군가가 자신들의 목숨을 노리고 폭탄을 설치했다고 믿었다.

사건이 불기소된 이후 두 사람은 반소反訴를 제기하고, 허위 체포, 불법 수색, 자신들을 폭력적인 극단주의자로 몰아 명예를 훼

31) 미국에서는 세쿼이아를 레드우드(redwood)라고 부른다—옮긴이.

손하고 언론의 자유를 억압하려는 음모가 있다고 주장했다. 이 소송은 피고 측의 재정 신청과 항소의 결과로 11년 동안 지연되었다. 2002년에 배심원단은 FBI와 오클랜드 경찰이 바리와 처니에게 누명을 씌웠음을 인정했고 440만 달러의 배상금을 지급했다. 안타깝게도 바리는 1997년에 47세의 나이로 유방암으로 사망한 뒤라 평결을 듣지 못했다.

더 찾아보기: 줄리아 '버터플라이' 힐, 세쿼이아아과

Reforestation 재조림

한때 숲이 있었지만 사라진 곳에 숲을 가꾸는 작업. 재조림은 토양의 종자 은행을 통해 이뤄질 수도 있고 근처 숲에서의 종자 확산에 의해 자연림이 스스로 돌아오게 하는 방식으로도 진행될 수 있다.

5,000년 전 숲이 뒤덮었던 면적은 지구 전체 면적의 46퍼센트나 되었으나 현재 숲의 면적은 31퍼센트에 불과하다. 따라서 과거에는 나무가 무성했으나 개벌된 지역이 많이 있다. 그런 곳에 다시 숲이 회복되게 돕는 것은 토양이 생성되고, 유출과 침식을 막고, 야생동물의 서식지를 늘리는 결과를 낳을 것이다.

Roosevelt, Theodore 시어도어 루스벨트

루스벨트1848~1919는 1901년에서 1909년까지 재임한 미국 대통령이다. 1903년에 공화당 대통령 시어도어 루스벨트가 작가이자 탐험가인 존 뮤어와 함께 캘리포니아주 요세미티에서 보낸 시간은 미국 역사상 가장 기념비적인 캠핑으로 기록된다. 이때 뮤어는 국가가 되도록이면 많은 지역을 국립공원으로 지정해 보호할 필요성에 대해 설득했고 루스벨트는 이를 받아들였다.

루스벨트는 흔히 '환경 보전 대통령'이라고도 불리는데 임기 동안 대통령의 권한으로 150개 국유림, 51개 조류 보호지역, 18개 국가 기념물, 4개의 국립 사냥 대상 보호구역, 5개 국립공원을 지정하여 93만 제곱킬로미터의 땅을 지켜냈기 때문이다. 그 이후로 버락 오바마 대통령 전까지 이처럼 땅을 보호하는 일에 앞장선 대통령은 없었다. 루스벨트는 이렇게 부르짖었다.

"이곳은 여러분의 나라입니다. 여러분의 아이들과 그 아이들의 아이들을 위해 이 땅의 자연이 지닌 경이로움을 소중하게 여기십시오. 이 땅의 천연자원을 소중하게 여기십시오. 역사와 낭만을 신성한 유산으로 소중하게 여기십시오. 이기적인 사람들과 그들의 사리사욕이 여러분의 나라에서 아름다움과 부와 낭만을 걷어내지 않게 하십시오."

루스벨트는 이런 말도 덧붙였다.

"아름다움을 보존하는 것보다 실용적인 것은 없습니다."

더 찾아보기: 존 뮤어

S

"산사면의 숲이 어찌나 무성한지 나뭇잎 사이로
푸른 하늘이 보이지 않았고,
계곡의 바닥은 인간의 손을 탄 적이 없었다."

Sapwood 변재

나무줄기에서 수피가 덮은 가장자리의 옅은 목재. 변재는 최근에 만들어진 목질 섬유로, 물이 뿌리에서 잎으로 가장 활발하게 이동하는 조직이다. 어린나무의 목질부는 모두 변재이지만 나이가 들면 중심에서 오랫동안 물을 운반하던 세포는 기능을 정지하고 색이 점점 짙어진다. 큰 나무에서 변재는 중앙의 어두운 심재 주위를 두르고 있는 밝은 고리처럼 보인다. 변재도 심재만큼 강하기는 하지만 습기와 당분이 많고 기름이나 왁스 성분은 상대적으로 적기 때문에 곰팡이나 곤충의 공격을 받기가 더 쉽다.

더 찾아보기: 심재, 분열조직

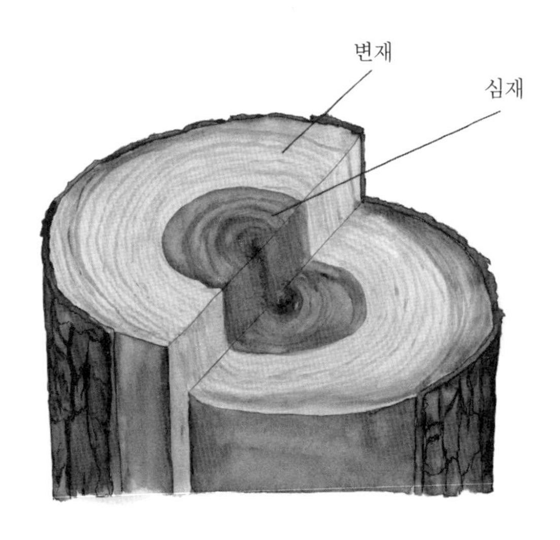

Sequoioideae 세쿼이아아과

측백나무과의 한 아과로 흔히 레드우드로 알려진 분류군이다. 세쿼이아아과를 구성하는 나무는 총 세 종인데, 이들은 아주 특별한 나무들이다. 캘리포니아주에 서식하는 세쿼이아*Sequoia sempervirens*는 세계에서 가장 키가 큰 나무고, 거삼나무*Sequoiadendron giganteum*는 세계에서 가장 무거운 나무다. 세 번째 종인 메타세쿼이아*Metasequoia glyptostroboides*는 중국에서 자생한다. 세 종 모두 오래전에 진화했고 긴 계보의 끝에 마지막으로 남은 최후의 생존자들이다. 옐로스톤 국립공원에 석화된 종을 포함한 다른 네 종의 세쿼이아속*Sequoia* 식물은 이제 멸종했다.

거삼나무는 근래에 멸종한 가까운 친척은 없지만 수억 년을 거치며 분포 범위가 줄어들었다. 공룡의 시대에는 이 나무가 유럽, 북아메리카, 뉴질랜드, 오스트레일리아에서 모두 흔했다. 이 나무 그늘에서 잠자고 있는 요상한 동물들을 상상해보라. 하지만 현재는 캘리포니아주 서부 시에라네바다산맥의 극히 제한된 지역에서만 자라며 그나마도 서식 영역이 줄어들고 있다. 나무의 수령은 2,000년이 넘는다. 지구상에 남아 있는 거삼나무의 약 3분의 1이 1800년대 후반에서 1900년대 초반에 벌목되었다. 나이 든 세쿼이아 90퍼센트 이상도 같은 시기에 잘려나갔다. 현재는 주립공원과 공립공원이 남아 있는 노숙림 대부분을 늦게나마 보호하고 있다.

메타세쿼이아의 이야기는 한 편의 드라마에 가깝다. 화석 기록에 따르면 원래 메타세쿼이아속*Metasequoia* 식물은 다섯 종이 있었고 세쿼이아와 거삼나무처럼 전 세계에 분포했었다. 이 나무들은 6,500만 년 전 공룡을 멸종시킨 사건에서도 살아남았지만 약 200만 년 전 이후로 화석 기록에서 사라져버렸다. 그러니 메타세쿼이아가 버젓이 살아 있다는 것이 밝혀졌을 때 다들 얼마나 신이 났겠는가!

멸종한 줄로만 알았던 나무가 1940년대에 중국 양쯔강 근처의 작은 마을에서 발견되었다. 캘리포니아주와 오리건주 소수 지역을 제외하고는 절멸한 세쿼이아나 거삼나무와 달리 메타세쿼이아는 북아메리카에서는 사라졌지만 중국에서는 살아남았다. 1947년에 메타세쿼이아 종자가 수집되어 주요 대학교와 식물표본관에 보내졌다. 이제 이 나무는 전 세계에 식재되고 있고, 더 이상 '야생'은 아니지만 인간의 손을 빌려 다시 한번 지구 전역에서 서식지를 확장하고 있다.

메타세쿼이아가 야생에서 끝까지 살아남은 이야기는 어딘가 익숙하다. 대대로 메타세쿼이아 골짜기에 정착해 살았던 한 중국인은 1750년경에 이런 이야기를 한다.

"산사면의 숲이 어찌나 무성한지 나뭇잎 사이로 푸른 하늘이 보이지 않았고, 계곡의 바닥은 인간의 손을 탄 적이 없었다. 그곳에 불을 놓아 숲을 태우고 논을 마련했다. 그 이후로 벼농사가 계곡 바닥 전체로 확장되었고 산비탈의 숲은 목재나 숯을 만들기 위해 파괴되었다."

그들은 마지막 한 그루의 메타세쿼이아까지 쉽게 베어버릴 수 있었지만 어쨌든 일부는 용케 변두리에 남았다. 1940년대 후반까지는 자연적으로 번식하는 개체군이 있었으나 1949년의 중국혁명 이후로 1950년에서 1980년 사이에 수백 그루의 메타세쿼이아가 더 잘려 나갔다. 이제 이 나무를 베는 것은 불법이지만 이미 서식지가 너무 변형되어 자연적으로 번식할 수 없게 되었고 멸종위기종으로 등재되었다.

하지만 메타세쿼이아는 뉴욕 센트럴파크에서 존 레논을 추모하기 위해 헌정된 '스트로베리 필드'Strawberry Field의 세 그루를 포함해 뉴질랜드에서 맨해튼까지 전 세계적으로 자생지 밖에서 많이 식재되고 있다.

더 찾아보기: 존 뮤어, 노숙림

Sillett, Stephen 스티븐 실렛

스티븐 실렛1968~은 세계에서 가장 키가 큰 나무에 올라가 잎이 우거진 수관층에 살고 있는 생물을 연구한다. 그는 평범한 식물학자로 시작했으나 이내 식물 중에서도 가장 큰 종류인 교목의 꼭대기에서 일어나는 일에 관심을 가지게 되었다.

미국 동부 해안가에서 자란 실렛은 서부인 오리건주 포틀랜드의 리드 칼리지로 진학했다. 1987년 대학교 3학년 때 그는 친구와 함께 캘리포니아주 프레리 크리크 레드우드 주립공원을 찾아가 오래된 세쿼이아를 맨손으로 올랐다. 그리고 지의류, 토양, 관목, 곤충 등 나무의 상층부에 많은 생물이 사는 것을 보고 깜짝 놀랐다. 세쿼이아 우듬지는 다른 많은 유기체를 부양하고 있었다. 지금까지 누구도 연구하거나 기술한 적 없는 생태계였다. 실렛은 자기가 있어야 할 곳을 찾았지만 몇 년 뒤, 다른 여러 프로젝트를 마치고 나서야 본격적으로 세쿼이아 수관층을 연구할 수 있게 되었다.

먼저 그는 미송처럼 높은 나무에 올라가는 법을 배워야 했다. 처음에는 수관층을 연구한 선배들이 가르쳐 준 기술을 사용했다. 등반용 하네스harness와 푸르지크 매듭Prusik Knot은 연구자들이 나무를 타고 위로 올라가거나 아래로 내려오게 도와주었지만 그게 전부였다. 미송의 수관에서 데이터를 수집할 때는 전통적인 벌목꾼의 기술을 빌려 스파이크가 달린 부츠를 신고 허리에 플립 라인[32]을 두르고 나무에 올라야 했다.

아보리스트이자 세쿼이아 애호가인 케빈 힐러리Kevin Hillery는 소중한 노거수에 강철 스파이크가 박힌 신발을 신고 올라가는 무뢰한이 있다는 소식에 분개했다. 그는 따지고 경고하기 위해 실렛을

32) flip line: 강철 심이 든 짧은 로프. 나무를 오를 때 줄기를 휘감아 몸을 지탱하는 데 사용된다—옮긴이.

찾아갔지만 결국에는 좀더 나무 친화적인 방법으로 나무에 올라가는 방법을 가르쳐주었다. 아보리스트들이 개발한 기술로는 가지와 가지 사이뿐만 아니라 나무와 나무 사이를 수평으로 이동하는 것도 가능했다. 아보리스트들은 바닥이 부드러운 부츠를 신고 나무를 해치지 않게 조심했다.

신기술과 함께 실렛의 연구는 완전히 새로운 차원에 들어섰다. 그리고 그는 새로운 등반 동료들을 얻게 됐다. 실렛과 그의 업적에 관한 이야기는 리처드 프레스턴Richard Preston의 『와일드 트리: 열정과 대담함의 이야기』*The Wild Trees: A Story of Passion and Daring*에 잘 나와 있다. 프레스턴은 이 방식으로 나무에 등반하는 방법을 배웠고 실렛과 함께 나무에 올랐다.

세쿼이아에 올라가 연구하는 것 외에도 실렛은 거삼나무, 미송, 시트카가문비나무*Picea sitchensis*, 유칼립투스 레그난스, 글로불루스 유카리*Eucalyptus globulus*를 포함해 지구에서 가장 키가 큰 나무들 중에서도 가장 키가 큰 개체에 올라가서 정보를 측정했다. 실렛은 현재 훔볼트주립대학교의 교수다. '세이브 더 레드우드 리그'Save the Redwoods League가 그의 여러 연구를 후원하고 있다.

더 찾아보기: 아보리스트, 미송, 유칼립투스, 세쿼이아아과

Silviculture 조림

대개는 목재 생산을 위해 산림 작물을 재배하고 가꾸는 일을

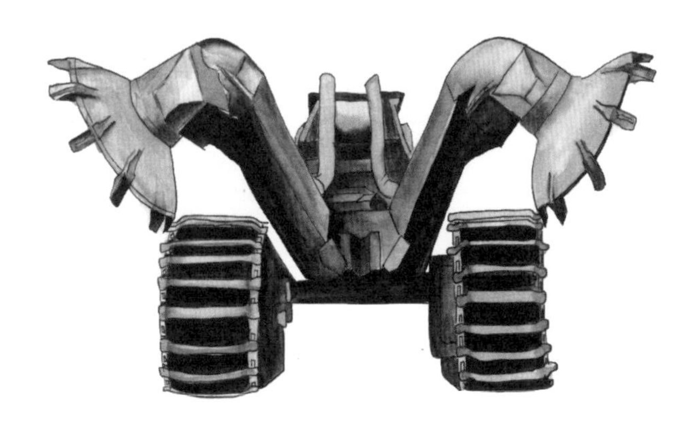

기계적 토양 파괴에 사용되는 기계.

말한다. 'Silvi'는 라틴어로 '숲'이란 뜻이다. 그러니까 조림은 숲을 키우는 일이다. 숲을 키우는 과정은 종자 수확, 종자 발아, 묘목 키우기와 식재로 시작한다. 일단 숲에서 나무가 자라기 시작하면 비료 주기, 간벌, 가지치기, 수목병과 병충해 예방 및 치료, 수확 날짜와 방식 등을 결정해야 한다. 이 모든 작업의 목표는 이 나무들이 마침내 제재소나 펄프 공장으로 들어갈 때 큰 경제적 이익을 손에 쥐는 것이다.

임지 정리는 수확 후 새로운 작물을 심거나 씨를 뿌리기 전에 수행하는 관리 작업이다. 임지 정리 시 예방 차원으로 인위적인 산불을 놓을 때가 있다. 산불은 경쟁 식물을 죽이고, 토양의 산성도를 높이고, 사용 가능한 인^{P}의 양을 늘린다. 기계적 토양 파괴는 상업용 임지를 정리하는 또 다른 방법이다. 토양 파괴는 파종이나 식재 전에 쟁기날 또는 갈퀴가 장착된 불도저로 땅을 갈거나 진압기 또는 무거운 체인을 끌고 다니며 잔해와 이끼, 그밖의 식물을 제거하고 광질 토양을 노출하는 식으로 이루어진다. 2개의 대형 톱니 날이 장착된 더 강력한 장비로는 고랑과 이랑을 만든다. 고랑은 식물을 심는 사람이 숲에 접근하기 쉽게 하고 이랑은 배수를 원활하게 하며 묘목을 위해 토양의 온도를 높여준다.

조림 직후 가장 관심을 기울여야 할 부분은 경쟁이다. 조림 관리의 목적은 숲에서 물이나 햇빛 같은 자원이 시장 가치가 가장 높은 나무에 가게 하는 것이다. 경쟁이 될 만한 식물이 있을 때는 제초제를 뿌리거나 싹을 잘라낸다. 사실상 모든 경쟁 식물이 제거된 상태를 플랜테이션plantation이라고 한다. 자연적으로 재생된 숲이든 인공적으로 식재된 숲이든 나무가 조림학적으로 바람직한 수준 이상으로 가까이 붙어서 자라면 줄기가 가늘어진다. 간벌은 한 구역에서 자라는 나무의 수를 인위적으로 줄여서 남겨진 나무의 생장 속도를 높이고 경제적 수익을 높이는 작업이다.

숲을 간벌하는 방식은 다양하기도 하거니와 밭에서 당근을 솎는 일과는 차원이 다르다. 웨스트버지니아대학교 산림과학부 학장인 조지프 맥닐Joseph McNeel은 조림에 대해 다음과 같이 말했다.

"쓸모없는 것들을 치우고 가장 좋은 것만 남기는 일. 숲도 알아서 할 수 있지만 아마 백 년은 족히 걸릴 것이다. 간벌이 그 속도를 높여준다."

추가로, 간벌을 하면서 잘라낸 나무는 펄프나 펠릿용으로 팔아서 약간의 수익을 올릴 수 있다. 간벌은 전기톱과 말을 이용해 수작업으로도 가능하고 벌목집적기feller buncher 같은 대형 장비를 동원할 수도 있다. 이 장비는 대상이 되는 나무의 줄기를 감고 금속 집게로 붙잡은 후 밑동을 잘라내고 들어 올려 가공 장소로 옮긴다. 어린나무가 빽빽하게 들어찬 임분林分은 넓은 열을 따라 일정 간격에 맞춰 기계적으로 간벌하는데 이 작업을 예비 간벌이라고 한다.

임학 교과서나 웹사이트에 나와 있는 재고 차트나 밀도 관리표는 경영상의 결정에 도움이 된다. 예를 들어 노르웨이소나무*Pinus resinosa*의 경우 자연적으로 재생된 숲에는 4,000제곱미터당 2,000그루의 어린나무가 자란다. 차트에 따르면 나무의 지름이 평균 13센티미터쯤으로 자라면 나무의 수는 같은 넓이당 400그루로 줄여야 한다. 나무의 지름이 38센티미터가 되면 175그루, 최종 수확 시기에는 100그루가 적당하다. '교과서에 실린' 이러한 조림은 대개 땅을 힘들게 하고 생물 다양성을 감소시켜왔지만, 관련 업계에도 서서히 변화가 일어나 현재는 수변림을 건드리지 않고 고사목 같은 야생의 나무를 남겨두며 아무것도 교란되지 않은 핵심 보존 구역을 유지하는 등 생태학적 원리를 더 많이 고려하고 있다.

Sinuosity 굽이 생장

오래된 나무의 생장 방식. 나이가 많은 노거수 중 위로 곧게 자라는 대신 몸통과 큰 가지가 크게 휘거나 뱀처럼 구불구불 자라는 것들이 있다. 이런 물결 모양은 나무가 한 자리에 수백 년 동안 서 있으면서 주변의 숲이 겪는 변화에 대처한 결과다. 예를 들어

굽이 생장은 오래된 나무의 생장 방식으로 위로 곧게 자라는 대신 몸통이 크게 휘거나 구불구불 자란다.

이웃 나무가 크게 자라 그늘을 드리우면 그 그림자를 피해서 자라야 한다. 그러다가 어느 날 그 나무가 병충해를 입어서 죽거나 폭풍에 쓰러지면 나무가 사라지며 열린 공간으로 쏟아지는 햇빛을 향해 생장의 방향이 다시 바뀐다. 수세기에 걸쳐 이렇게 왔다 갔다 하는 느린 생장 패턴이 굽이 생장이라는 특징을 낳는다.

Snag 고사목

선 채로 죽어 있는 나무. 고사목은 생태학적으로 중요한 가치가 있다. 전형적인 고사목에는 속이 빈 공간이 있는데 이 공간이 날다람쥐를 포함해 다양한 동물의 보금자리가 되어주기 때문이다. 이런 둥지는 숲 바닥에서 높이 올라와 있고 코요테처럼 땅에서 생활하는 포식동물로부터도 멀리 떨어져 있기 때문에 이상적이다. 고사목의 죽은 목재는 수많은 균류의 먹이원이 되기도 하고, 노숙림을 알아보는 표지이기도 하다.

더 찾아보기: 노숙림

Spotted Owl (*Strix occidentalis*) 점박이올빼미

1990년대 환경보호주의자들과 벌목업자들의 이해관계가 충돌해 초미의 관심을 받았던 새. 점박이올빼미는 미국 태평양 북서부 노숙림에 산다. 과학자들과 환경보호주의자들은 벌목으로 인해 숲에서 이 새의 서식지가 급격히 감소하는 것을 보았다.

한편 벌목업자들은 올빼미 때문에 숲이 보호지역으로 묶이면 직장을 잃을까 두려워했다. 이 올빼미를 두고 양쪽에서 감정이 고조되었다. 점박이올빼미에는 세 종의 아종이 있는데, 모두의 관심을 끈 것은 북부점박이올빼미*Strix occidentalis caurina*였다. 북부점박이올빼미는 초콜릿색 몸에 갈색의 큰 눈과 하트 모양의 얼굴이 특징이다. 한때는 이 숲에서 흔한 새였던 이 올빼미는 암수 짝을 짓

고사목은 선 채로 죽어 있지만 다양한 동물의 보금자리가 되어준다.

북부점박이올빼미는 초콜릿색 몸에
갈색의 큰 눈과 하트 모양의 얼굴이 특징이다.

고 함께 머물며 번식하고 사냥한다. 텃세가 극도로 강해 각 쌍은 수십 제곱킬로미터의 영역이 필요하다.

이 올빼미는 노거수의 구멍이나 부러진 꼭대기에 둥지를 틀거나 다른 맹금류가 버린 둥지를 빌려 쓴다. 이런 장소는 노숙림에서 더 흔하다. 또한 상층부가 높고 나무의 가장 낮은 가지 아래에 사냥 공간이 충분한 숲이 있어야 하는데 이 역시 오래된 숲이 제공하는 서식지다. 부모와 새끼는 고사목의 구멍을 차지하는 날다람쥐나 평생 나무 위에서 생활하는 나무두더지, 뒤엉킨 숲 바닥에서 사는 숲쥐처럼 노숙림에서만 사는 다른 먹이종에 의존한다. 그러나 숲이 점점 깎여나가면서 큰 나무와 함께 날다람쥐와 숲쥐가 사라졌고, 점박이올빼미도 함께 자취를 감췄다. 원래의 숲을 대체하기 위해 조림된 젊은 숲에는 둥지로 쓸 큰 구멍이 있는 나무도, 먹이종을 위한 서식지도 없었다.

1990년에는 올빼미가 살 만한 서식지의 12퍼센트만이 온전한 상태로 남았고 그렇게 이 새는 멸종의 수순을 밟고 있었다. 이에 미국 어류 및 야생동물관리국은 1990년에 북부점박이올빼미를 멸종위기종에 등재했는데, 이미 1982년, 1987년, 1989년에 세 차례 요청이 거부된 후였다. 북부점박이올빼미는 이제 법적으로 보호받고 있고 미국 태평양 북서부의 국유림 벌채 계획은 이 새를 지키는 방향으로 변화하고 있지만 개체수는 여전히 감소 중이다.

현재 이 올빼미 앞에 새로운 위협이 나타났다. 동부의 숲에서 대평원을 건너 태평양 북서부 지역에 유입된 줄무늬올빼미*Strix varia*다. 줄무늬올빼미의 둥지가 처음 관찰된 것은 1970년이다. 이 새는 좀더 '인간에 대한 내성'이 강하고 더 다양한 서식지에서 다양한 먹이를 먹고 산다. 또한 크기도 점박이올빼미보다 크다. 영역을 두고 충돌하게 되면 항상 점박이올빼미가 지게 된다.

이제 미국 태평양 북서부 숲에서는 올빼미를 두고 새로운 논쟁이 벌어지고 있다. 숲 관리자들이 녹음된 새소리를 틀어 줄무늬올빼미를 불러들인 다음 새가 나타나는 족족 총으로 쏘고 있다. 이를 두고 한편에서는 점박이올빼미를 돕는 최선의 방법이라고 주장하고, 다른 한편에서는 터무니없는 행위라고 비난한다.

더 찾아보기: 노숙림

Spruce (*Picea* spp.) 가문비나무

가문비나무는 눈이 내리는 지역에 산다. 타이가라고도 부르는 북방의 숲은 세계에서 가장 큰 지상 생물군계이며 가문비나무속 나무들은 이 숲의 가장 중요한 구성원이다. 지구의 북반구에 35종의 가문비나무가 자란다. 이 나무는 모두 상록수이고 전형적인 크리스마스트리와 같은 원뿔 모양이다. 도널드 컬로스 피티가 묘사한 것처럼 이 나무에서는 크리스마스 시즌의 냄새가 난다.

"고지대 숲에서는 7월의 한낮에도 크리스마스 아침을 떠올리게 하는 맛있게 뒤섞인 향기들이 있다. 고도 1,800미터까지 올라와 희박한 공기에 숨을 가쁘게 몰아쉬면서, 이 나무의 강렬한 그늘 아래 펼쳐진 두꺼운 이끼 침대에 누워 이 냄새를 즐긴다."

또 피티는 글라우카가문비나무*Picea glauca*를 이렇게 묘사한다.

"가장 낮게 달린 팔이 땅 가까이 내려와 인자로이 쓸어내리다가 손가락을 들듯 여유롭고 점잖게 잔가지를 구부려 올린다."

누군가는 그가 나무를 인간의 팔다리에 비유한 것을 비난할지도 모르지만 그가 상상한 나무의 고상한 이미지를 떠올리면 모든 것이 용서된다.

가문비나무의 솔방울은 아래로 늘어졌고 비늘은 소나무의 목질 솔방울보다 부드럽고 유연하다. 가문비나무를 다른 상록수와 구분하는 가장 쉬운 방법은 바늘잎이 어떻게 가지와 접합하는지 보는 것이다. 소나무속 나무는 바늘잎이 다발로 나고, 솔송나무 같은 상록수는 납작한 바늘잎이 하나씩 가지에 달렸다. 가문비나무의 잎도 가지에 하나씩 달려 있기는 하지만 잎의 단면이 사각

가문비나무의 잎은 단단하고 끝이 뾰족하며
가지에 부착되는 지점에 엽침이라는 작은 못 같은 구조물이 있다.

형에 가까워 잎을 두 손가락으로 굴릴 수도 있다.[33] 가문비나무를 동정하는 다른 특징은 잎이 가지에 달린 방식이다. 가문비나무 잎은 가지에 부착되는 지점에 엽침이라는 작은 못 같은 구조물이 있다. 잎이 떨어져도 이 못은 남아 있다.

가문비나무의 잎은 단단하고 끝이 뾰족한 편이다. 그래서 가문비나무 가지와 악수하면 "앗, 따가워!" 소리를 자연스레 지르게 된다. 모든 종류의 가문비나무가 똑같이 바늘잎을 지니고 있지만, 잎의 색깔이 남다른 가문비나무가 있다. 예를 들어 은청가문비나무*Picea pungens*는 다른 상록수와는 전혀 다른 은청색을 띤다. 반면 독일가문비나무*Picea abies*는 어두운 황녹색이다. 글라우카가문비나무, 붉은가문비나무*Picea rubens*, 검은가문비나무*Picea mariana*와 같은 일반명으로 불리는 것들도 있는데, 세 종 모두 캐나다 전역을 가로지르는 광활한 북방림과 미국의 가장 고지대 지역에서 서식한다.

검은가문비나무는 토양이 꽁꽁 얼어 있는 영구동토층 지역에서 많이 자란다. 기후변화나 벌목으로 영구동토층이 녹으면 토양이 햇빛에 노출되면서 토양의 구조가 변화하고 나무가 땅이 녹은 쪽으로 기울면서 마침내 쓰러지게 된다. 이런 식으로 쓰러진 나무를 '만취한 나무'라고 부른다. 아마도 그들은 슬픔에 젖어 익사

33) 예외적으로 한국과 일본에서 자라는 가문비나무(*Picea jezoensis*)는 잎이 납작하다.

하게 될 것이다. 검은가문비나무는 너무 작아서 건축용 목재로 쓰기에는 적합하지 않지만 수십 제곱킬로미터나 되는 넓은 면적에 군락을 이뤄 자라므로 잘라서 펠릿이나 책, 포장 음식에 딸려오는 젓가락을 만들 수 있다.

가문비나무속에도 최상급 나무들이 없는 것은 아니다. 가장 큰 가문비나무 종은 시트카가문비나무다. 시트카가문비나무라는 이름은 알래스카의 한 마을에서 왔는데, 이 나무가 가장 잘 자라는 곳은 훨씬 남쪽이다. 캐나다에서 가장 큰 가문비나무는 밴쿠버섬의 '카르마나 자이언트'Carmanah Giant라는 이름의 시트카가문비나무다. 그러나 미국 오리건주와 워싱턴주에는 더 큰 개체가 있다. 이 거대한 나무는 높이가 90미터가 넘는다.

시트카가문비나무는 수령이 길고 일부는 나이가 500년이 넘지만 '지구에서 가장 나이가 많은 나무'라는 타이틀로 흔히 불리는 것은 스웨덴의 독일가문비나무다. 하지만 이 주장에는 오해의 소지가 있다. 사람들이 통상 나무라고 부르는 지상의 줄기 부분은 고작 몇백 년밖에 안 되기 때문이다. 오래 묵은 것은 그 뿌리다. 같은 뿌리가 고작 몇백 년을 살고 가는 나무들을 연이어서 부양한다. 땅 위로 솟아난 이 꼿꼿한 나무들이 '죽어버려도', 뿌리는 살아남아 계속해서 또 다른 줄기와 가지를 올려보낸다. 연구자들은 탄소연대측정법을 사용하여 스웨덴의 '올드 티코'Old Tjikko의 나이가 9,000년이 넘었다고 밝혔다. 그렇다면 이 나무를 가장 나이 많은 나무라고 부를 수 있을까? 그건 나무의 나이를 어떻게 정의하느냐에 따라 달라질 것이다.

Stranahan, Nancy 낸시 스트라나한

1995년, 오하이오주 출신 낸시 스트라나한1952~은 오하이오 애팔래치아 산기슭 앞자리에 위치한 하이랜드 자연 보호구역 Highlands Nature Sanctuary의 설립자 중 한 사람이었다.

스트라나한은 한때 주립공원 소속 자연 전문가였다가 생물 다양성과 자연의 아름다움에 깊은 관심을 가진 제빵사이자 기념품점 주인으로 살고 있던 참이었다. 세븐 케이브 관광 공원이 매물로 나왔을 때, 스트라나한은 그곳을 더 이상 개발되지 못하게 지키고 싶다는 생각이 들었다. 취약한 박쥐 개체군의 피난처가 되는 동굴은 물론이고 숲이 우거진 로키 포트 협곡을 따라 우뚝 선 암벽과 물이 흐르는 샘들은 놀랄 만큼 아름답고 생물 다양성이 풍부했다.

스트라나한은 남편과 함께 비영리단체를 설립하고 동굴을 매입하기 위한 기금 마련에 나섰다. 판매가는 20만 3,000달러였고 한 계절 만에 부부는 6만 달러를 모았다. 그러나 모금은 저조했고, 결국 매도인은 2주 안에 잔금을 주지 않으면 땅을 분할하여 주택 부지로 매각하겠다고 통보했다. 다행히 마지막 순간에 네이처 컨저번시 오하이오 지부를 통한 극적인 대출로 매입이 성사

되었다. 스트라나한은 잔액을 위한 기금이 마련되면 자기의 일은 끝이라고 생각했다. 그러나 그 무렵 인접한 부지가 또 매물로 나왔고 이어서 다른 땅이 또 시장에 나왔다. 그녀는 네이처 컨저번시와 협상을 통해 두 건의 대출을 더 받았다. 마음이 따뜻한 많은 사람이 이 일에 동참했고, 보호구역의 회원 수가 증가했다.

불과 5년 후에 보호구역은 4제곱킬로미터의 면적으로 늘어났고 자산은 300만 달러에 이르렀다. 이들의 사명은 세븐 케이브 공원을 구하는 것에서 그치지 않고 로키 포크의 하류를 따라 16킬로미터 길이의 숲이 우거진 통로를 보호하는 것으로 확장되었다. 2005년에 하이랜드 자연 보호구역은 로키 포크 협곡을 벗어나 오하이오강에 더 가까운 희귀한 단초 대초원으로까지 넓어졌다. 애팔래치아 오하이오 남부 전역의 소중한 자연 지역을 구한다는 확장된 사명에 맞춰 '아크 오브 애팔래치아'Arc of Appalachia라는 새로운 이름이 채택되었다. 이후로 이 단체는 거의 1,700만 달러의 기금을 모았고 28제곱킬로미터의 땅을 구출했다.

스트라나한은 114개의 개별 토지 매입 프로젝트를 협상하고 기금을 조성했으며 그중에서 68건은 최초의 보호구역인 하이랜드 자연 보호구역을 12제곱킬로미터로 확장하는 데 기여했다. 현재 이 보호구역에는 32킬로미터에 가까운 등산로, 8개의 숙박시설, 동부 온대림의 세계적인 의의를 해석하는 애팔래치아 산림 박물관, 자연 전문가 심화 강좌를 제공하는 애팔래치아 산림 학교가 있다.

스트라나한은 백발의 나이에도 은퇴할 기미가 보이지 않는다. 그녀는 계속해서 기금을 모으고 토지를 매입하고 있으며 아크 오브 애팔래치아는 폭발적으로 성장하고 있다. 현재 스트라나한은 정규직 직원과 헌신적인 자원봉사자들과 함께 일한다. 그녀의 이야기는 한 사람이 다른 이들의 열정에 불을 붙이고 전할 때 어떤 일을 할 수 있는지를 잘 보여준다. 스트라나한은 자연의 힘이자, 자연을 위한 힘이다.

Stomata 기공

식물의 작은 입. 이산화탄소가 들어오고 수증기와 산소가 나간다. 대개 '구멍'이라고 표현하지만, '입'이 더 정확한 표현인데 잎에 수십만 개씩 달린 기공이 그저 수동적으로 뚫린 구멍은 아니기 때문이다. 기공은 환경에 반응하여 열리고 닫힌다. 뜨겁고 건조한 날씨에는 기공이 닫히고 잎 속의 수증기가 보존된다. 기온과 습도가 적당한 날에는 기공이 열려서 이산화탄소를 최대한 많이 잎으로 들여보내 수증기가 빠져나갈 염려 없이 광합성이 많이 일어나게 한다. 기공은 식물의 필요와 외부 조건에 따라 지속적으로 세밀하게 조정된다. 이러한 균형은 현관 앞에서 집에 찾아온 손님은 들어오게 하면서 집 안의 강아지는 밖으로 나가지 못하게 막는 상황에 비유할 수 있다.

잎의 기공을
확대한 그림.

이 미세한 기공들은 지구상에서 생물이 살아가는 데 절대적으로 중요하다. 나무의 뿌리로 들어가는 물의 90퍼센트는 광합성에 사용되지 않고 잎으로 빠져나가 대기로 돌아간다. 여름철에는 나무 한 그루당 하루에 평균 190리터의 물이 기공을 통해 대기로 돌아간다. 거삼나무 같은 거대한 나무에서는 그 양이 1,900리터에 달한다. 숲 전체에서 나무를 통해 다시 대기로 진입하는 방대한 수증기량을 생각해보라. 숲은 하늘에서 내리는 비에도 의존하지만, 기공을 빠져나간 수증기 그리고 나무가 방출하는 유기물과 화합물을 응결시켜 적극적으로 비를 만들어내기도 한다. 그러나 수증기는 기공이라는 출입구의 한쪽에 해당할 뿐이다. 다른 쪽에는 대기 중의 이산화탄소가 있다.

식물이 탄소 화합물을 만들어 생장하고 에너지를 저장하려면 이산화탄소가 필요하다. 공기 중의 이산화탄소 40퍼센트가 1년에 한 번은 기공을 통과한다. 나무는 줄기에 상당량의 탄소를 포획해 잡아두고 줄기는 나무가 높이 자라 햇빛에 닿을 수 있도록 구조적 이점을 준다. 광합성으로 생산되는 탄소 화합물의 일부는 뿌리로 운반되어 땅속에서의 생장과 저장에 사용된다. 그 분자의 일부는 균근 네트워크의 거래 물품이 된다. 지구에서 생명을 바꾸는 산소 또한 기공을 통과한다. 산소는 광합성의 부산물에 불과해 기공에서 그 출입을 철저하게 조정하지 않지만 우리에게 산소는 생명 그 자체다.

더 찾아보기: 탄소 격리, 균근

T

환경에 관한 싸움은 한 번 지면
그 손실을 되돌리기 어려우므로
계속해서 이기고 이겨야 한다.

Tongass Forest 통가스 숲

알래스카에 위치한 미국에서 가장 큰 국유림. 알래스카의 지리적 윤곽을 머리에 그려보게 했을 때 대체로 캐나다 북서쪽에 불쑥 튀어나온 땅만을 생각할 뿐 캐나다 국경에 맞닿아 남쪽을 향해 좁고 길게 뻗어 있는 해안선과 섬들을 보는 사람은 많지 않다. 그 가늘고 긴 땅이 알래스카의 팬핸들Panhandle[34]로, 그곳에는 주노 같은 도시도 일부 있지만 거의 국립공원, 국립기념물, 그리고 통가스 국유림으로 구성된다. 이 7만 제곱킬로미터를 뒤덮는 국유림은 대체로 팬핸들 지역에 있다.

시어도어 루스벨트는 1900년대 초반에 국유림 대부분을 지정한 사람이다. 국유림은 벌목이 가능하고 통가스 숲도 예외는 아니다. 1950년대에 수작업으로 진행되는 벌목이 시작되었고, 얼마 지나지 않아 산림청은 루이지애나-퍼시픽이 소유한 케치칸 펄프 회사와 계약을 맺고 소규모 벌목 작업에서 나온 펄프를 이용하게 했다. 그러나 이 펄프 회사는 시장을 장악하려 나섰고 숲에서 벤 통나무를 판매하기 시작하더니 급기야 숲 전체에서 벌목을 시작했다. 벌목된 목재의 대부분은 수출되었다.

통가스의 위치와 크기 외에도 주목할 부분은 환경운동가들이 이 숲을 구하기 위해 얼마나 오래 애를 썼으며 얼마나 많은 활동

34) 큰 땅덩어리에 붙어 있는 좁고 긴 땅—옮긴이.

가가 참여했는가 하는 점이다. 아마도 이 운동은 1974년, 세 남성이 케치칸 펄프 회사에 주어진 3,200제곱킬로미터의 노숙림 벌목 권한에 어깃장을 놓으며 시작되었을 것이다. 이들이 제기한 소송은 벌목의 영향으로부터 연어 하천을 보호하는 것에 초점을 두었다. 연방 판사는 세 남자의 손을 들어주었다. 이 전장에 산림 관리자, 급진적 환경운동가, 판사, 정치가, 목재업계, 비영리단체, 사냥꾼, 관광업체 등이 뛰어들었으니 지난 50년간 어떤 일들이 일어났을지 짐작할 수 있을 것이다. 누군가는 이겼고, 누군가는 졌다. 그러나 어쨌거나 1990년 무렵에는 노숙림의 절반이 사라졌다. 베어낸 큰 나무의 대부분은 플리카타측백과 시트카가문비나무였다.

다양한 환경 단체가 도움을 요청하는 탄원을 보내는 바람에 숲 전체가 위험에 처한 것처럼 보이지만, 사실 노숙림 구역의 상당 부분은 현재 야생 지역으로 보존되었다. 총 2만 3,000제곱킬로미터가 넘는 숲 안에 19개의 야생 구역이 있다. 국유림은 벌목이 가능해 지금도 나무가 베어지고 있지만, 이 숲의 야생 구역은 벌목이 금지되었다.

길고 긴 이념적 싸움 중에서 가장 최근의 것은 2019년 트럼프 행정부가 벌목 제한에 대한 입장을 바꾼 것이다. 이는 알래스카주 상원의원 리사 머카우스키Lisa Murkowski와 주지사 마이크 던리비Michael Dunleavy의 요청으로 이루어졌다. 이 법안이 통과되었다면 7,300만 제곱킬로미터의 벌목이 추가로 허용되고 이전에는 도로가 없던 지역에 수백 킬로미터의 새로운 도로가 깔렸을 것이다. 8개 환경 단체가 이 사건을 법정에 세웠다. 2020년 연방 지방 판사는 해당 벌목 계획이 국가 환경 정책을 위반한다고 보고 다음과 같이 판결했다.

"실질적인 현장 특이적 정보를 밝히지 않음으로써 산림청은 생태계 사용에 미치는 영향에 대해 정보에 입각한 결정을 내리는 능력을 제한했고, 지역 사회에 벌목 계획의 영향에 관해 모호하고 가설적이며 과도하게 포괄적인 표현만을 제시했다."

숲을 위한 다른 싸움과 마찬가지로, 이번 승리도 일시적일 가능성이 크다. 우리는 다음 라운드를 예상해야 한다. 환경에 관한 싸움은 한 번 지면 그 손실을 되돌리기 어려우므로 계속해서 이기고 이겨야 한다. 레이첼 카슨이 말한 것처럼, "보전은 끝이 없는 사명이다. 일을 끝냈다고 말할 순간은 없다."

더 찾아보기: 가문비나무

Tree of Souls 영혼의 나무

판타지 영화 『아바타』에 나오는 버드나무를 닮은 거대한 나무. 제임스 카메론James Cameron이 2009년에 각본을 쓰고 감독한 이 영화는 가상의 종족인 나비족과의 접촉을 묘사한다. 영혼의 나무는 나비족에게는 가장 신성한 것인데 그들이 최고의 존재라고 부르는 '에이와'Eywa와 이어주기 때문이다. 이 나무는 나비족의 신경계와 이어져 모두를 하나로 연결할 수 있다. 만약 그 나무가 파괴된다면 문화적이고 정신적인 결핍이 형성되어 종족 자체가 파괴된다. 따라서 이 나무는 '집 나무'home tree라고도 불린다.

영혼의 나무는 거대한 민들레 씨앗과 작은 해파리의 잡종처럼 보이는 씨앗들을 맺는다. 천천히 그리고 장난치듯이 떠다니는 그 씨앗들은 단순한 나무의 유전물질 이상이다. 그것들은 나무의 정령이라고 알려진 순수하고 신성한 영혼이다. 따라서 나무에서 나온 씨앗이 어딘가에 내려앉는다면 상서로운 징조로 여겨진다. 부족 사람이 세상을 떠나면 나무의 정령이 그 사람과 함께 묻혀 망자는 에이와와 부족의 나머지 사람들과 계속 연결된다.

영혼의 나무는 관람객들에게 큰 반향을 일으켰다. 이 영화는 드루이드와 아메리카 원주민처럼 세계 전역에서 특정한 나무를 숭배하고 함부로 자르지 않는 고대 문화의 믿음을 반영했다. 2010년 런던 하이드 파크에는 영혼의 나무 인터랙티브 복제품이 설치되었다. 색상이 변하는 광섬유 케이블로 만든 나무와 함께 음악을 틀어주고 업로드된 메시지를 전시한다. 20세기 폭스사를 비롯한 여러 단체가 참여한 컨소시엄은 이 나무와 소통하는 사람 한 명당 진짜 나무 한 그루를 심겠다고 약속했다. 이 '아바타 홈 트리' 사업은 전 세계에 백만 그루 이상의 나무를 심도록 자금을 지원했다.

영혼의 나무와 가장 비슷하게 생긴 나무는 아마도 러시아 남서부 칼미키야의 '외로운 포플러'*Populus laurifolia*일 것이다. 이 나무가 외로운 이유는 몇 킬로미터 안에 서 있는 유일한 나무이기 때문이다. 주변은 온통 너른 초원이다. 어떻게 이 나무가 거기까지 가게 되었을까?

나무의 기원은 다음과 같은 이야기로 전해진다. 티베트로 순례를 떠났던 한 불교의 승려가 여행에서 얻은 씨앗들을 지팡이에 저장했다. 그는 돌아오는 길에 광활하고 텅 빈 스텝 초원의 가장 높은 언덕에 올라가 지팡이를 심었는데 그 안에 들어 있던 씨앗의 싹이 텄다. 승려의 정체나 씨를 심은 연도는 알려지지 않았다. 이 나무가 자라면서 말을 타고 긴 여행을 하던 나그네들이 나무의 그늘에서 잠시 멈추어 쉴 수 있게 되었다. 휴식하는 동안 그들은 나무에게 소원을 빌었는데, 그 소원이 모두 이루어졌다. 이를 계기로 점점 많은 이가 그 나무로 와서 기도하고 숭배했다. 이들은 이제 그저 지나가는 여행자가 아니라 일부러 나무에 참배하러 오는 영적 순례자들이었다. 오늘날 이 나무는 성지로 여겨지고 수백 명이 기도 깃발과 향을 가져와 그 앞에서 기도하고 명상한다.

Tu Bishvat 투 비슈밧

늦겨울이나 초봄에 기념하는 유대인 명절로 나무의 설날이다. 이스라엘에서는 나무를 심는 날이자 생태 인식의 날로 기념된다. 지구의 날과 식목일을 섞어놓았다고 할까. 이스라엘에서는 '유대

민족 기금'Jewish National Fund이 이날의 나무 심기를 기획하며 백만 명 이상이 참가한다. 과거에는 일부 아랍 공동체에서 이를 유대인들의 토지 수탈 시도라고 생각해 곱게 보지 않았으나 요새는 아랍인과 유대인이 함께 환경 운동을 계획하는 일이 더 흔하다. 어쨌거나 모두 같은 지구에 살고 있으니 말이다.

투 비슈밧은 열매가 열리는 나무와 밀접한 관련이 있다. 이 나무들의 수령은 몇 번의 투 비슈밧을 거쳤느냐로 결정된다. 전통적으로 정통파 유대교에서는 처음 세 번의 투 비슈밧에는 나무에서 열매를 수확하면 안 된다. 네 번의 투 비슈밧을 거칠 동안 산 다음에야 그 열매를 수확해도 되고, 수확의 일부는 십일조로 바쳐야 한다.

16세기에 제파트의 이삭 루리아[35]라는 한 유명한 랍비가 유월절 만찬 세데르를 시작했다. 세데르에서는 적절한 기도문을 외우면서 열 종류의 특정한 나무 열매를 먹고 포도주 넉 잔을 마신다. 루리아는 나무의 언어, 새의 언어, 천사의 언어 전문가였다고 전해진다. 지금도 나무 열매 만찬은 투 비슈밧의 전통 의식으로 남았다.

더 찾아보기: 식목일

35) Yitzchak Luria of Safed: 사자라는 뜻의 '아리'라고도 불렸다.

Tulip Poplar (*Liriodendron tulipifera*) 백합나무

미국 동부에서 가장 큰 나무. 동부의 거삼나무라고 불러도 좋다. 가장 큰 개체는 그레이트스모키산맥에 있으며 비교적 최근에 59미터 높이에 도달했다. 백합나무는 미국 동부에서 측정된 모든 나무 중에서 가장 부피가 크다. 그 뒤를 양버즘나무*Platanus occidentalis*가 바짝 쫓고 있다. 이런 인상적인 거목의 일부를 노스캐롤라이나주의 조이스 킬머 기념 숲에서 볼 수 있기는 하지만 원래의 노거수들 대부분은 이미 베어졌다. 큰 나무의 일부는 쓰러져서 카누로 조각되었다. 역사적인 인물인 대니얼 분Daniel Boone[36]이 1799년에 가족과 함께 켄터키주에서 미주리주로 이사를 가면서 백합나무 카누를 조각하기도 했다.

백합나무는 원래 있던 숲이 개간되고 새로 숲이 발달하는 단계 초기에 종종 나타난다. 이 나무는 아주 빨리, 아주 곧게 자라며 대체로 중년이 되기 전에 베어내 목재로 사용한다. 그러나 그대로 두면(우연히 어려서 죽는 것들도 분명 있겠지만) 많은 나무가 수백 년을 살아간다. 도널드 컬로스 피티는 200여 년 전에 심어진 백합나무를 두고 다음과 같이 썼다.

"오랜 세월을 살아온 이 거인들은 오늘날 그들이 알았던 옛사람들이 사라지는 것을 보고 인간의 목숨이 얼마나 하루살이 같은

36) 켄터키를 개척해 미국 서부 개척 시대를 연 개척자—옮긴이.

백합나무 잎은 다른
목련과 식물들과 달리
손모아장갑을 잘라
펼쳐놓은 것같이 보인다.

지를 많은 잎의 구슬픈 음성으로 이야기한다."

최고령으로 기록된 백합나무는 500살이 넘었다.

튤립나무, 노란포플러, 화이트우드 등 이 나무의 일반명은 끝도 없다. 한 나무가 이렇게 여러 이름으로 불릴 수가 있을까. 나는 대학생 시절에 부르던 튤립포플러라는 이름을 고집하지만 사실 속명인 리리오덴드론*Liriodendron* 그대로 불러도 문제는 없을 것이다. 이 속명을 달고 있는 다른 종은 중국에 자생하는 중국백합나무 하나밖에 없기 때문에 헷갈릴 일은 많지 않다.

백합나무의 학명*Liriodendron tulipifera*은 튤립을 닮은 커다란 꽃과 잘 어울리는 이름이다. 중국백합나무의 학명*Liriodendron chinense* 역시 의미가 명확하다. 둘 다 진짜 포플러와는 상관이 없고 목련과에 속해 있다. 목련속에는 100여 개의 종이 있지만, 백합나무속에는 두 종뿐이다. 목련과의 나무들은 모두 크고 화려한 꽃을 지녔는데, 백합나무속 식물의 잎은 긴 타원형의 잎 모양을 공유하는 다른 목련과 식물과 다르게 손모아장갑을 잘라 펼쳐놓은 것같이 보인다. 혹자는 고양이 머리를 닮았다고 할 것이다.

더 찾아보기: 목련, 조이스 킬머

W

버드나무는 아주 쉽게 뿌리를 내리고 빨리 자라서
자기를 보살피는 인간에게 성취감으로 보답하지만
자신의 죽음까지 목격하게 만들지도 모른다.

Willow (*Salix* spp.) 버드나무

지구 북반구의 습한 지역에서 발견되는 나무. 버드나무의 속명인 '*Salix*'는 켈트어로 '물에서 가까운'이라는 의미를 지닌다. 버드나무는 동정하기가 가장 어려운 나무에 속한다. 종 자체도 수백 가지가 넘기도 하지만 자기들끼리 야생에서 쉽게 교배하기 때문이다.

게다가 최근 집계에 따르면 원예 시장에 나오는 재배종도 800가지나 된다. 2003년에 문을 닫은 영국의 '롱 애쉬턴 연구소'Long Ashton Research Station에는 1,200가지 변종이 있었다는 얘기도 있다. 육지꽃버들*Salix viminalis*만 해도 60가지 재배종이 있다.

플라스틱이 개발되기 전에는 왜림작업에서 나온 버들가지로 온갖 저장 용기를 만들었다. 1938년에 영국의 작가 H.J. 매싱엄H.J. Massingham은 시골의 한 바구니 장인을 찾아간 이야기를 썼다.

"두 시간 동안 (그중의 절반은 얘기하는 시간이었지만) 나는 버드나무 가지 다발이 이리 휘고 저리 꼬이면서 물결치다가 마침내 예술과 유용성이 하나로 합쳐진 결과물이 되는 것을 보았다. 잊지 못할 경험이었다."

버드나무는 대부분 관목이고 수십 종 정도만 교목일 정도로 크기가 천차만별이다. 북극버들*Salix arctica* 같은 수종은 높이가 십여 센티미터에 불과하다. 가장 큰 버드나무는 흑버들*Salix nigra*인데 이 나무도 높이가 18미터를 넘는 일이 드물다. 버드나무는 수목계의 제임스 딘[37]으로 '짧고 굵게 살다가 간다'가 이 나무의 신조일지도 모른다.

버드나무는 아주 쉽게 뿌리를 내리고 빨리 자라서 자기를 보살피는 인간에게 성취감으로 보답하지만 자신의 죽음까지 목격하게 만들지도 모른다. 그래서 전 세계 신화에 버드나무가 등장하는 걸까? 그리스, 일본, 아일랜드, 아메리카 원주민 사회에서 모두 버드나무에 관한 노래와 이야기가 전해진다. 그리스인들은 어린 버드나무를 심고 나무가 자라는 모습을 보면 죽을 때 영혼이 쉽게 이동하게 해줄 거라고 믿었다. 켈트인들은 무덤 위에 심은 버드나무에 망자의 영혼이 깃들어 있다고 믿었다. 어떤 문화는 베개 밑에 둔 버드나무가 꿈과 회상을 강화한다고 생각했다. 버드나무 가지는 위카[38]의 사랑의 주문에도 사용된다.

버드나무는 암수딴그루다. 즉 수꽃이 피는 나무와 암꽃이 피는 나무가 다르다는 뜻이다. 버드나무의 꽃은 이른 봄, 잎이 나기 훨씬 전에 핀다. 가장 잘 알려진 관목성 버드나무는 고양이버들*Salix discolor*이다. 이제는 다소 유행이 한물간 식물로 취급되지만 일씨감치 봄철의 생장을 알리며 순수한 기쁨을 주는 나무로 알려져 시골의 정원에서 많이 심었다. 꽃가루가 가득 찬 꽃밥이 동물

37) James Dean: 1950년대에 활동한 유명 영화배우로 24세에 요절했다—옮긴이.

38) Wicca: 주술과 정령을 믿는 신비주의 종교—옮긴이.

수백 가지나 되는 버드나무 중에서
가장 잘 알려진 종은 수양버들이다.

의 털을 닮은 회색 솜털로 둘러싸여 있어서 '고양이버들'이라고 불리게 되었다. 동지 무렵 실내에 들여온 상록수가 겨울에도 생명은 계속된다고 상기시키는 것처럼 고양이버들은 새로운 생명의 징표로 기념된다. 기독교에서 성지주일(종려주일)은 부활절 한 주 전인데, 예수가 십자가에 못 박히기 위해 예루살렘으로 입성할 때 사용된 열대의 종려나무(야자나무)를 유럽과 북아메리카 교회에서는 쉽게 구할 수 없었으므로 종종 고양이버들로 대체하곤 했다.

수백 가지나 되는 버드나무 중에서도 가장 잘 알려진 종이 있다. 사람들에게 '___버들'이라고 주고 빈칸을 채우라고 한다면 대부분의 사람들이 '수양'이라고 쓸 것이다.[39] 크게 휘어 땅바닥까지 늘어지는 가지는 많은 아이의 기억에 새겨져 있다. 나도 한때는 세상에서 가장 작은 정글의 타잔이 되어 유연한 버들가지를 흔들며 놀았다.

수양버들은 잘 알려진 나무이지만 분류학자들에게는 골칫거리였다. 먼저, 수양버들은 '살릭스 바빌로니카'*Salix babylonica*라는 학명과 달리 원산지가 바빌론이 아닌 중국이다. 수백 년 전에 중국인들이 이 나무를 재배하면서 많은 재배종과 잡종이 탄생했다. 수양버들은 추위를 잘 견디지 못하기 때문에 북아메리카에 자라는 대부분의 수양버들은 흰버들*Salix alba*과 수양버들의 잡종일 가능성이

39) 영어로는 'weeping willow'라고 쓴다—옮긴이.

크다.

전문가들도 수양버들을 명명하는 것은 "두 손 두 발 다 들 정도로 혼란스럽다"고 인정한다. 1988년 미국 국립수목원의 프랭크 산타모어Frank Santamour는 이렇게 썼다.

"국내의 주요 수목원에서 재배되는 수양버들의 다양한 이름(종, 잡종, 재배종)은 사실상 의미가 없다."

그는 묘목 시장에서 통용되는 지금의 재배종 이름을 대부분 버리고 완전히 새로 시작해야 한다고 권고했다.

"이미 만연한 혼란을 계속할 필요는 없지 않은가."

원예 전문가들은 이런 걸 즐겨 따지지만, 셰익스피어의 장미처럼 이 나무는 이름과 상관없이 사랑과 존중을 받을 수 있을 것이다.[40)]

더 찾아보기: 왜림작용, 재배종

Wu, Ken 켄 우

켄 우1973~는 1991년부터 근 30년에 걸쳐 브리티시컬럼비아주의 노숙림을 구해낸 숲의 영웅이다. 켄 우는 대만계 캐나다 가정에서 자랐는데 화학 기술자였던 아버지가 여러 지방으로 전근하

40) 장미를 사랑한 셰익스피어는, "이름이란 게 무슨 소용인가? 다른 이름으로 불려도 장미는 똑같이 향기롭지 않겠는가?"라고 말했다—옮긴이.

면서 어릴 때부터 정기적으로 캐나다 전역을 옮겨 다녔다. 그 덕분에 그는 온타리오주 남부의 풍성한 낙엽수림과 습지, 서스캐처원주의 프레리 초원, 앨버타주의 산악 생태계와 브리티시컬럼비아주의 온대우림까지 다양한 생태계를 경험했다.

1991년에 우는 브리티시컬럼비아 대학교에 진학해 생태학과 진화학을 공부했다. 월브란섬과 캐필라노 협곡의 노숙림을 구하기 위한 운동에 적극적으로 참여하여 다양한 집회, 봉쇄 시위, 행사 등을 기획한 바 있다. 브리티시컬럼비아에서 '숲속의 전쟁'War in the Woods은 1993년, 토피노 근처의 클레이오쿳 해협에서 벌목 트럭을 저지하기 위해 열린 대규모 봉쇄 시위에서 절정에 이르렀다. 이 시위에는 1만 2,000명 이상의 시민이 참여했고, 900명이 체포되었다. 켄 우는 밴쿠버 시내에서 학생 봉쇄 시위와 대규모 도시 집회를 조직했다. 이런 경험이 그에게 행동의 힘에 대한 강한 낙관론을 심어주었다.

2005년에 우는 브리티시컬럼비아에 남아 있는 노숙림을 구하면서 벌목 산업도 유지할 수 있는 방안에 초점을 맞춘 캠페인을 이끌었다. 산림 노동자 연맹Forest Workers Alliance은 원목 수출을 금지하고, 지속 가능하고 부가가치를 주는 2차림 산업을 보장하고, 노숙림 벌목을 막기 위해 조직되었다. 산림 노동자 연맹은 숲을 둘러싼 논쟁에서 산림 노동자와 환경운동가를 같은 편에 서게 했다. 이 단체는 주 정부가 워킹 포레스트 계획Working Forest Initiative으

밴쿠버섬의 플리카타측백
그루터기 안에 서 있는 켄 우.

로 새로운 보호구역 지정을 막으려고 할 때 아주 중요한 견제 역할을 했다.

2010년에 우는 '원시림 연맹'Ancient Forest Alliance, AFA을 공동 설립했다. AFA는 오직 브리티시컬럼비아주의 노숙림을 지키기 위해 세워진 비영리단체로 관광업체, 임업 종사자, 캐나다 토착민들과의 비전통적인 연맹을 형성하는 것은 물론이고 당시 빠르게 확산한 소셜 미디어 플랫폼에 전문가가 찍은 사진을 올려 사람들에게 캐나다의 가장 큰 숲의 아름다움과 파괴의 현장을 보여주었다. 원시림 연맹은 노숙림 보호를 위해 소상공인 공동체, 특히 포트 랜프루 상공회의소Port Renfrew Chamber of Commerce와 협업했는데 이것이 브리시티컬럼비아에서 노숙림 보호 운동의 기세를 극적으로 확대시켰다. 이 운동은 위기에 처한 다양한 숲에 켄 우가 지은 기억하기 쉬운 별명 덕분에 입소문을 타기도 했다. 켄 우는 고대 측백나무 숲을 제임스 카메론의 블록버스터 영화 개봉 직후 '아바타 숲'이라고 불렀고, 캐나다에서 두 번째로 큰 미송이 개벌된 지역에 홀로 외로이 서 있다고 해서 '고독한 거인 더그'Big Lonely Doug라고 불렀다. '쥐라기 숲'은 지금은 위기에 처했지만 보호를 받으면 앞으로 '쥐라기 공원'이 될 숲의 별명이다.

2018년에 우는 원시림 연맹 대표 자리에서 물러나서 새로운 단체인 '위기 생태계 연맹'Endangered Ecosystems Alliance, EEA을 설립했다. 이 단체는 위험에 처한 모든 생태계를 과학에 기반해 보호하고, 토착민 보호구역을 지원하고, 생태계 문해력을 촉진하며, 지역 사회 지원 활동을 보전 운동의 비전통적 연맹으로 확장했다.

더 찾아보기: 영혼의 나무

감사의 말

일러스트레이터 마렌 웨스트폴Maren Westfall에게 감사하고 싶다. 웨스트폴과 함께 일하는 것은 기쁨이었고 그녀의 재능 덕분에 이 책의 완성도가 높아질 수 있었다.

온 가족이 모두 나무를 대변하는 내 일을 지지해주었다. 모두에게 고맙다는 말을 하고 싶고, 특히 딸 알리사 말루프에게 감사한다. 제이미 필립스Jamie Phillips, 리처드 파워스Richard Powers, 디에고 사에즈 길Diego Saez Gill은 나를 이끄는 등불 역할을 해준 친구와 동료였다. 나는 내 삶의 다른 '나무인들'에게 감사하는 마음으로 살고 있다. (특별한 순서 없이) 밥 레버렛, 앤드류 조슬린Andrew Joslin, 수잔 마시노, 선샤인 브로시Sunshine Brosi, 마이크 켈렛Mike Kellett, 윌 블로전Will Blozan, 해리 화이트Harry White, 더그 우드Doug Wood, 브라이언 켈리Brian Kelley, 크레이그 림파크Craig Limpach, 낸시 스트라나한, 듀안 훅Duane Hook, 질 존스Jill Jonnes, 터너 샤프Turner Sharp, 팀 코바Tim Kovar가 생각나지만 그밖에도 아주 많은 사람이 있다. 원고의 초안을 읽어준 제프 키르완Jeff Kirwan에게 감사한다.

프린스턴대학교 출판부의 모든 분. 그들과 함께 일하는 것이 즐거웠다. 특히 애비게일 존슨Abigail Johnson과 로버트 커크Robert Kirk는 나를 이 프로젝트의 적임자로 선택해주었고 내가 원하는 대로 글을 쓰게 해주었다. 교열 담당 캐트린 슬로벤스키Cathryn Slovensky

와 디자이너 크리스 페란테Chris Ferrante에게도 감사하고 싶다.

마지막으로 숲, 그리고 한 그루 나무를 위해 목소리를 내는 모든 이에게 진심 어린 감사를 전한다.

참고 문헌

이 책의 대부분은 코로나19 봉쇄 기간에 조사하고 집필했다. 그 시간에 집에서도 일할 수 있게 해준 많은 전자 데이터베이스, 특히 JSTOR, Web of Science, 위키피디아, ENTS 전자게시판에 감사한다.

Braun, E.L., *Deciduous Forests of Eastern North America,* Hafner, 1964.

Collins, Robert F., *A History of the Daniel Boone National Forest, 1770-1970*, Edited by Betty B. Ellison, USDA Forest Service, Southern Region, 1976.

Childress, Donna, "Tree Thinning 101," *Woodland* magazine(Fall 2014), American Forest Foundation.

Darwin, Charles, *On the Origin of Species by Means of Natural Selection*, Murray, 1859.

Davis, Mary B., *Eastern Old-Growth Forests: Prospects for Rediscovery and Recovery*, Island Press, 1996.

Davis, Mary B., *Old Growth in the East: A Survey*, Cenozoic Society, 1993.

Douglass, Ben, *History of Wayne County*, Ohio, Robert Douglas,

1878.
Durrell, Lucile, "Memories of E. Lucy Braun," *Ohio Biological Survey Notes*, no. 15(1981).
Freinkel, Susan, *American Chestnut: The Life, Death, and Rebirth of a Perfect Tree*, University of California Press, 2007.
Frazier, James, *The Golden Bough*, Macmillan, 1890.
Hill, Julia B., *The Legacy of Luna: The Story of a Tree, a Woman, and the Struggle to Save the Redwoods*, HarperOne, 2001.
Kershner, Bruce, Robert T. Leverett, and Sierra Club, *The Sierra Club Guide to the Ancient Forests of the Northeast*, Sierra Club Books, 2004.
Kilmer, Joyce, "Trees," *In Poetry,* vol. 2, no. 5, Harriet Monroe, 1913, 160.
Lowman, Margaret, *Life in the Treetops: Adventures of a Woman in Field Biology*, Yale University Press, 1999.
Massingham, Harold J., *Shepherd's Country: A Record of the Crafts and People of the Hills*, Chapman & Hall, 1938.
Moomaw, William R., Susan A. Masino, and Edward K. Faison, "Intact Forests in the United States: Proforestation Mitigates Climate Change and Serves the Greatest Good," *Frontiers in Forests and Global Change*, vol. 2, 2019.

Moon, Beth, *Ancient Skies, Ancient Trees*, Abbeville Press, 2016.

Patterson, James, *Saving the World and Other Extreme Sports*, Little, Brown, 2007.

Peattie, Donald C., *A Natural History of Trees of Eastern and Central North America*, Houghton Mifflin, 1950.

Pinchot, Gifford, *The Training of a Forester*, Lippincott, 1937.

Preston, Richard, *The Wild Trees: A Story of Passion and Daring*, Random House, 2007.

Saint-Exupéry, Antoine d., *The Little Prince*, Harcourt Brace Jovanovich, 1982.

Sandars, N. K., trans, *The Epic of Gilgamesh*, Penguin, 1972.

Seuss, Dr., *The Lorax*, Random House, 1971.

Sillett, Stephen C. et al., "Aboveground Biomass Dynamics and Growth Efficiency of *Sequoia Sempervirens* Forests," *Forest Ecology and Management* 458(2020).

Simard, Suzanne et al., "Mycorrhizal Networks: Mechanisms, Ecology, and Modelling," *Fungal Biology Reviews* 26, no. 1(2012).

Thoreau, Henry D., *Faith in a Seed*, Island Press, 1993.

Thoreau, Henry D., *The Maine Woods*, Ticknor and Fields, 1864.

US Forest Service., *Program for Observance of American Forest Week ... 1925-1928 by Schools, Boy Scout Meetings, and Other Assemblies*,

Government Printing Office, 1925.

Ward, Robert B., *New York State Government*, Rockefeller Institute Press, 2006.

나무에 대한 애정을 적극적으로 드러낸 이들의 이야기

• 옮긴이의 말

이 책의 저자 조안 말루프는 『나무를 안아보았나요』(*Teaching the Trees*, 아르고스, 2005)로 먼저 한국에 소개된 환경운동가다. 『나무를 안아보았나요』는 과학 서적으로 분류되면서도 저자가 나무에 대한 사랑을 과감하게 드러낸 자연 에세이 같은 책이다.

반면 이 책 『나무』*Treepedia*는 나무에 대한 미니 사전이라는 기획 의도에 걸맞게 저자 자신의 짙은 감성은 걷어내고 나무에 대해 우리가 꼭 알아야 할 내용들로 채웠다. 하지만 책을 읽다 보면 나무 '사전'이라는 제목이 주는 선입견과는 달리 미국 노숙림 네트워크 설립자인 저자의 사심이 다분히 느껴진다. 『나무』는 단순히 나무에 대한 객관적인 정보만이 아니라, 미국 노숙림 네트워크 설립자로서 저자가 독자에게 전달하려는 메시지가 분명한 책이다.

그것은 이 책에 실린 항목만 봐도 알 수 있다. 80여 개 표제어를 미리 훑어본 독자라면 한 번쯤 이름을 들어본 나무들, 생소한 수목 용어 등과 더불어 웬 낯선 사람들의 이름이 의외로 큰 비중을 차지하는 것을 느꼈을 것이다. 한국인은 물론이고 저자와 같은 미국인들에게도 크게 알려지지 않은 이들은 누구일까?

사실 많은 나무가 숲에서 우드 와이드 웹이라는 지하 네트워크를 이루며 살기에 나무의 운명이 곧 숲의 운명이고, 숲의 운명이 곧 나무의 운명인 불가분의 관계다. 그래서 사실 이 책은 'Treepedia'나무 대신 'Forestpedia'숲라는 제목을 붙여도 손색이 없다. 인류가 일찌감치 정착한 유라시아에서 나무와 숲은 인간이 가장 손쉽게 얻을 수 있는 연료와 재료로써 여러 번 베어내진 지 오래라 진정한 의미의 원시림이라 부를 만한 곳이 거의 없는 형편이다. 따라서 유럽인이 느지막이 발을 들인 신대륙의 숲, 특히 노숙림은 보존 가치가 상당하다.

이 책에서 소개된 인물들은 그 가치를 깨닫고 북아메리카에서 숲의 보존과 보전에 다양한 방식으로 기여한 사람들이다. 이곳의 천연림을 정부 차원의 공식적인 보호지역으로 지정하기 위해 애쓰거나 그게 안 되면 사비를 털어서까지 숲을 사서 지킨 사람도 있다.

모든 상황이 열악하던 시절 발로 뛰어 숲을 조사하거나, 잘 알려지지 않은 숲의 구역을 연구한 사람, 세상에서 가장 큰 나무들을 지키려고 나무 위에 올라가 2년 동안 살아낸 젊은이, 자신에게 주어진 힘으로 수많은 숲 지대를 보호구역으로 만든 대통령까지, 나무와 숲에 대한 애정을 누구보다 적극적으로 드러낸 이들의 이야기는 이 책만이 가지는 특징이자 장점으로 손꼽을 수 있다. 이들이 지키려던 것은 나무와 숲이었지만, 그 혜택을 누리는 것은 인간이기에 이들의 활동은 더욱 의미가 있고, 그걸 알려주고 싶은 것이 저자의 가장 깊은 속내일 것이다.

나무에 대한 책이니 나무에 관한 이야기를 빼놓을 수 없다. 이 책을 의뢰받고 PDF 파일을 넘기면서 가장 먼저 눈에 들어온 문장이 바오밥나무 항목의 "나무계의 낙타"라는 반가운 표현이었다. 사실 이 책은 미국인인 저자가 북아메리카 대륙을 중심으로 썼기 때문에 많은 지명과 인명이 더 낯설 수밖에 없다. 나는 영미권 책을 주로 작업하기 때문에 특히 한국에 없는 많은 나무의 일반명을 한국어로 옮기는 데 어려움이 많았다. 이건 전 세계적으로 공통된 문제점이지만, 특히 동식물을 막론하고 생물의 일반명은 그저 사람들이 편의에 따라 옛날부터 불러오던 이름이라 (전 세계 공용인) 학명이 병기되지 않는 한 혼란스럽고 정확성이 떨어지는 경우가 많다.

그동안 책을 옮기면서 나오는 나무의 일반명이 늘 내게는 골칫거리였다. 하지만 이 책에서 가려운 부분을 속 시원히 긁어주어 개인적으로는 더욱 유용했다.

이 책에 나오는 나무들은 대부분 단일 종이 아닌 세계적으로 분포하는 규모가 큰 분류군이며, 많은 영미권 문학 작품에서 한두 번씩 꼭 등장하는 대표적인 나무들이라 한국 독자들도 부담 없이 읽고 또 얻어가는 것이 많으리라 생각한다.

나무를 좋아하고 사랑하는 많은 이들에게 이 책이 단순한 지식과 정보를 얻는 것에서 그치는 것이 아니라 실천하는 계기가 되기를 저자와 함께 바란다.

2024년 6월

나무와 숲이 가장 아름다운 계절에

조은영

한글 찾아보기(ㄱ~ㅎ)

Pedia A-Z 나무

지은이 조안 말루프
그린이 마렌 웨스트폴
옮긴이 조은영
펴낸이 김언호

펴낸곳 (주)도서출판 한길사
등록 1976년 12월 24일 제74호
주소 10881 경기도 파주시 광인사길 37
홈페이지 www.hangilsa.co.kr
전자우편 hangilsa@hangilsa.co.kr
전화 031-955-2000~3 **팩스** 031-955-2005

부사장 박관순 **총괄이사** 김서영 **관리이사** 곽명호
영업이사 이경호 **경영이사** 김관영 **편집주간** 백은숙
편집 박홍민 배소현 박희진 노유연 이한민 임진영
마케팅 정아린 이영은 **관리** 이주환 문주상 이희문 원선아 이진아
디자인 창포 031-955-2097
인쇄 신우 **제책** 신우

제1판 제1쇄 2024년 7월 15일

값 17,000원

ISBN 978-89-356-7874-7 03480